AF590697

DES

BATEAUX A VAPEUR.

IMPRIMERIE DE E. DUVERGER,
Rue de Verneuil n° 4.

DES
BATEAUX A VAPEUR

PRÉCIS HISTORIQUE DE LEUR INVENTION,

ESSAI SUR LA THÉORIE DE LEUR MOUVEMENT,

ET DESCRIPTION

D'UN

APPAREIL PALMIPÈDE

Applicable à tous les Navires,

AVEC PLANCHES.

PRÉCÉDÉ

DES DEUX RAPPORTS DE L'ACADÉMIE DES SCIENCES.

PAR LE MARQUIS ACHILLE DE JOUFFROY

ANCIEN INGÉNIEUR DE MARINE.

PARIS

L. MATHIAS AUGUSTIN,

LIBRAIRIE SCIENTIFIQUE-INDUSTRIELLE,

QUAI MALAQUAIS N° 15.

1841

AVANT-PROPOS.

Lorsque mon père, il y a plus d'un demi-siècle, fit la première application en grand de la puissance de la vapeur à la navigation, l'art du constructeur-mécanicien était fort peu connu en France. Les machines de Vaucanson, les automates de Jacques Droz, passaient aux yeux de nos artistes les plus ingénieux pour des merveilles presque inimitables. Dans cette pénurie de ressources d'exécution, et à propos d'une des applications les plus difficiles et les plus hardies de la mécanique, il est peu surprenant que l'inventeur se soit vu réduit à employer l'appareil locomoteur le plus commun et le plus facile à construire, celui qui consiste en deux espèces de roues de moulin placées sur les bords d'un bateau. C'était un premier essai, c'était user d'un mode grossier, mais vulgaire, pour parvenir à la solution du problème, c'était l'enfance de l'art.

Cette enfance dure encore; des milliers de pyroscaphes sillonnent aujourd'hui les mers du globe, et le procédé choisi par l'inventeur n'a point été modifié; les dimensions se sont agrandies, sans que le système du mécanisme se soit amélioré. Ces appareils imparfaits, appliqués à des corps informes, sont devenus, sur l'Océan, des monstres gigantesques, en conservant toutes les imperfections de leur modèle: on construit aujourd'hui, pour la navigation au long cours, des steamers qui ont besoin, pour se mouvoir, d'une force de 500 et même de 1,000 chevaux. Ce n'est pas là faire avancer l'art, c'est plutôt le faire reculer (*).

Ma position particulière m'a porté naturellement à suivre avec attention les tentatives qui ont été faites pour améliorer un art dont le berceau fut compagnon du mien, et qui fournit pour ainsi dire les hochets de ma première jeunesse. J'ai étudié avec quelque soin tous les mécanismes proposés pour remplacer les roues, depuis les premiers essais pratiqués en Amérique il y a une vingtaine d'années, jusqu'aux palmes exécutées naguère en France par M. Janvier. Surpris de voir que la théorie des vais-

(*) « On construit actuellement à Bristol, un bâtiment à vapeur en fer « dont les principales dimensions seront: 95 mètres de longueur, 13 mètres « de largeur, 9 mètres 75 de profondeur, avec une capacité de 2,500 tonneaux, et des machines de 1,000 chevaux. Ces machines, y compris les « chaudières remplies d'eau, sont du poids de 800 tonneaux, en y ajoutant « le poids de la carcasse, des bordages, des mâts, des cabines, des apparaux, canots, etc., 1,100 tonneaux; celui du combustible nécessaire pour « aller de Bristol à New-York, 1,600 tonneaux, on a un total; sans charge, « de 3,500 tonneaux. Les roues ont 11 mètres de diamètre et 32 aubes de « 4 mètres 57 de longueur et 1 mètre 22 de largeur. Les frais de construction de ce bâtiment s'élèveront à 2 375 000 francs. » (*Extrait du Technologiste, février* 1841, nº 17.

seaux-nageurs soit demeurée inconnue à tant d'ingénieurs habiles qui se sont occupés de perfectionnements et qui n'ont proposé que des moyens inférieurs aux roues à aubes, je me suis décidé à paraître dans cette arène, où vingt-sept brevets d'inventions prétendues ont précédé le mien. Mon système dérive directement de la théorie, son application m'a coûté trois ans de recherches opiniâtres et de travail assidu. Pour me rassurer moi-même contre le danger des illusions habituelles aux inventeurs, j'ai sollicité du premier corps savant de l'Europe un examen sérieux; j'ai fait, sous les yeux d'une commission de l'Institut, dabord des essais en grand, et, ensuite, à la demande de l'Académie elle-même, des expériences comparatives sur une petite échelle. Le résultat de ces expériences a confirmé, partout et toujours, celui que m'avait indiqué la théorie. Nul doute ne peut subsister aujourd'hui sur le succès de l'application de mon mécanisme à la grande navigation, c'est-à-dire aux navires voiliers de toutes forces et de toutes grandeurs, sans les priver d'ailleurs de leurs voilure et agrès ordinaires, et en leur laissant tous les moyens de profiter de la force gratuite du vent (*).

(*) De mille exemples de sinistres à citer, sur les inconvénients qui résultent de la privation d'une bonne voilure pour naviguer avec sûreté, nous nous bornerons à celui-ci comme étant des plus fréquents.

« *Le Baléar*, bateau à vapeur, assailli, en mars 1840, par un coup de « vent dans le golfe de Valence, eut l'essieu d'une de ses roues brisé; sa « course se trouva ainsi interrompue et le bâtiment livré à la merci de la « tempête. *Le Phénicien*, autre bateau à vapeur qui l'aperçut, par hasard, « dans ce fâcheux état, vint le remorquer et le conduisit à Barcelonne. » (*Semaphore.*)

ÉLÉMENTS DE COMPARAISON

ENTRE LE MODÈLE QUI A SERVI AUX EXPÉRIENCES ET LA FRÉGATE REPRÉSENTÉE PAR LE MODÈLE.

I. Deux pyroscaphes de grandeurs différentes, mais similaires dans leur forme, dans les proportions de leurs diverses parties entre elles, dans les relations respectives de la puissance motrice à la résistance du bâtiment, en un mot, organisés de même, aux dimensions près, et placés dans des conditions identiques, parcourront dans un temps donné, des espaces proportionnels à leurs grandeurs, ou mieux à chacune de leurs dimensions homologues. Connaissant la vitesse moyenne de chacun d'eux, on pourra en déduire le rapport qui existe entre leurs dimensions, *et vice versâ.* Si l'un, par exemple, parcourait 300 mètres dans une minute, et que l'autre n'eût qu'une vitesse de 100 mètres dans le même espace de temps, on saurait que le premier est trois fois plus long, plus large, plus profond, etc., que celui-ci.

Si, en effet, il arrivait que la marche de ces deux navires, dont nous supposons l'un triple de l'autre, ne fût pas dans cette proportion, il est évident que leur organisation ne serait pas identique; il faudrait reconnaître dans celui des deux qui surpasserait dans la marche la limite proportionnée à sa grandeur une supériorité provenant, soit d'un excès de force motrice, par rapport à l'autre navire, soit d'une forme plus favorable, soit d'un mécanisme plus parfait ou mieux exécuté. Les comparer ne serait plus comparer le petit au grand, puisque les deux navires ne seraient pas dans les mêmes conditions; ce serait sortir du problème dont nous nous occupons.

II. Le modèle que j'ai construit représente, à l'échelle de $\frac{1}{37}$, une frégate de guerre du poids de 1 500 tonneaux, portant 42 pièces d'artillerie.

Prenant pour unité chacune des dimensions du modèle, la frégate représentera dans toutes ses parties, 37 fois ces unités.

La vitesse des navires étant comme leurs dimensions (l), et le modèle étant, au $\frac{1}{37}$, une représentation exacte de la frégate, celle-ci devra parcourir, dans un temps donné, 37 fois plus de chemin.

III. Les proportions du modèle et celles de la Frégate qu'il représente, sont :

Modèle.	Mètres.	Frégate.	Mètres.
Longueur	1,480	Longueur	54,760
Largeur	0,325	Largeur	12,025
Creux	0,163	Creux	6,031

Dès lors, les aires de résistance, les poids d'eau déplacée, et les vitesses seront respectivement :

Aire de résistance (surface immergée de la tranche au maître couple).

Mètres carrés.	Mètres carrés.
0,040	54,760

Poids d'eau déplacée.

Kilogrammes.	Kilogrammes.
29,50	$29,50 \times 37^3 = 1\,494\,263$.

Vitesse par minute.

Mètres.	Mètres.
8	$8 \times 37 = 296$

ÉLÉMENTS COMPARATIFS DE LA FORCE MOTRICE.

IV. Pour que le résultat des expériences comparatives fournît une base de calculs exacts, il fallait non-seulement que la forme et les proportions de chacun des deux bâtiments fussent en parfait rapport avec celles de l'autre, mais encore que la somme de force motrice employée sur chacun d'eux fût dans la proportion exacte de sa masse et de sa vitesse particulière. Pour obtenir ce résultat, j'ai dû m'appuyer sur les données suivantes, déduites d'expériences faites sur tous les pyroscaphes connus.

1° La vitesse moyenne des meilleurs pyroscaphes de mer (*voir* le tableau) est de 13 kilomètres par heure environ.

2° Pour obtenir cette vitesse, on emploie, en moyenne, une force motrice égale à 7,38 chevaux - vapeur par chaque mètre carré de *l'aire de résistance* du navire (*).

On sait que le cheval-vapeur est évalué à une pression de 4,500 kilogrammes agissant avec une vitesse de 1 mètre par minute ou de 75 kilogrammes avec la vitesse de 1 mètre par seconde.

3° Les forces motrices sont entre elles comme les résistances des navires à vitesses égales. Pour des navires

(*) Malgré toutes nos recherches, nous n'avons pu nous procurer des données exactes sur l'emploi de la vis d'Archimède. *Le Technologiste* (février 1841, n° 17) est le seul ouvrage qui en parle avec quelque détail, et la description qu'il donne du navire *l'Archimède*, armé de cet appareil, est même fort incomplète. Dans cet article, *venu de Londres*, on attribue à ce bâtiment une vitesse moyenne de plus de 8 milles à l'heure, mais on se tait sur la consommation du combustible : question la plus importante de la navigation par la vapeur?

Néanmoins on y lit que : « *L'Archimède* est un navire d'une construction « toute particulière, du port de 162 tonneaux, tirant d'eau, mètres, 2,355; « force motrice, 80 chevaux ». Soit, puissance au tonnage : : 1 : 2.

Or la moyenne du rapport de la puissance au tonnage des bâtiments à roues, étant : : 1 : 3,5, il résulte de cette proportion, que celle employée dans *l'Archimède*, est de 1,5 plus dispendieuse. Soit, pour une vitesse moyenne, déjà obtenue dans quelques circonstances par des navires à roues : : 3,5 : 2.

similaires, ces résistances sont entre elles comme les produits des surfaces des aires de résistance par le carré des vitesses.

Cela posé, la résistance du modèle sera à celle de la frégate :

$$:: 1 : 1369 \times 37^2 = 1874161.$$

Les résistances sont aussi entre elles comme les produits des masses multipliées par la simple vitesse. On a en effet :

Masse 50 653 $\times$ Vitesse 37. = 1 874 161.

V. Dans l'état actuel de l'art, l'aire de la frégate exigeant, pour une vitesse de 13 kilomètres, 400 chevaux-vapeur, produit de l'aire de résistance par 7,38, la force motrice nécessaire pour procurer au modèle une vitesse de 8 mètres ($\frac{296}{37}$) (IV. 3°) sera de 0,000213 cheval-vapeur, soit 0,96 kilogrammes élevés à 1 mètre dans une minute.

Telle est en effet la force réelle dépensée par le modèle, armé de son appareil de roues à aubes. Le ressort moteur s'épuise en 8 minutes ; le nombre de tours ou de révolutions de l'arbre est de 180. Pendant ce temps le modèle parcourt 60 à 65 mètres dans une eau calme.

Mais aussitôt qu'on substitue l'appareil palmipède aux roues à aubes, la vitesse du bâtiment s'augmente dans une forte proportion. On est obligé, pour ramener cette vitesse à 8 mètres par minute, de réduire de plus de moitié la force du ressort qui, dans ce dernier cas, ne supporte plus que 0,41 kilogrammes, au lieu de 0,96, et qui ne se trouve épuisé qu'au bout de 16 à 17 minutes ; le bâtiment ayant parcouru, pendant ce temps, un espace de 130 à 140 mètres au lieu de 60 à 65.

VI. Tels sont les résultats des expériences comparatives

que MM. les commissaires de l'Académie ont eu à juger, et qu'ils ont vérifiés dans six séries d'expériences répétées sous leurs yeux. Ces résultats ne sauraient laisser aucun doute sur la solution pratique du problème que la théorie m'avait indiqué.

Le rapport rédigé par MM. Cauchy, Piobert et Gambey et adopté par tous les membres de la Commission, c'est-à-dire par la section presque entière de mécanique, a reconnu franchement et proclamé, sans réserve aucune, l'immense portée d'une invention qui doit enfin généraliser l'application de la vapeur à la navigation, et remplacer partout inévitablement le système défectueux employé jusqu'ici.

Ce rapport lu à la séance du 2 novembre 1840, fournit à trois ou quatre illustres membres qui n'avaient pas vu fonctionner le modèle, et qui n'en connaissaient par conséquent pas le mécanisme, l'occasion de quelques objections contre le nouveau système de navigation; il en résulta une discussion qui (circonstance assez rare dans les annales de ce corps savant) fit ajourner à la séance suivante le vote sur les conclusions du rapport. Durant cet intervalle, de nouvelles expériences eurent lieu, en présence de ceux des membres étrangers à la Commission qui avaient manifesté des doutes sur l'importance du perfectionnement. Rendues évidentes par ces nouvelles et solennelles épreuves, les conclusions du rapport furent adoptées à l'unanimité par l'Académie. Je ne pense pas que jamais découverte ait été examinée, jugée et approuvée avec plus de précaution que celle-ci, par l'autorité la plus compétente aux yeux de la science.

En regard de la page IX.

NAVIGATION TRANSATLANTIQUE PAR LA VAPEUR.

Éléments de comparaisons extraits de TREDGOLD, Léon DU PARC, MARESTIER, des Annales Maritimes et Coloniales, et documents divers.

BATIMENTS.		DIMENSIONS.			SYSTÈME DU MARQUIS CLAUDE DE JOUFFROY (*), réalisé a Lyon en 1780. Appareil des roues à Aubes.						SYSTÈME DU MARQUIS ACHILLE DE JOUFFROY, réalisé a Paris 1840 (*). Appareil Palmipède. En substituant l'appareil Palmipède aux roues à aubes dont ces dits bâtiments sont armés, ils n'emploieraient pour une vitesse égale :				
					FORCE MOTRICE EMPLOYÉE.		CONSOMMATION DE CHARBON.				FORCE MOTRICE (*).		CONSOMMATION DE CHARBON (*).		
NOMS.	ORIGINE.	Largeur du maître-bau.	Tirant d'eau.	Aire de résistance ou surface de la tranche immergée.	Par mètre carré de l'aire de résistance.	Force totale.	Par heure.	Par 24 heures.	Approvisionnement pour 15 jours.	Vitesse moyenne par heure (*).	Par mètre carré de l'aire de résistance.	Force totale.	Par heure.	Par 24 heures.	Approvisionnement pour 15 jours.
		Mètres.	Mètres.	Mètres carrés.	Chevaux. —	Vapeur.	Kilogrammes.	Tonneaux.	Tonneaux.	Milles marins.	Chevaux. —	Vapeur.	Kilogrammes.	Tonneaux.	Tonneaux.
BRITISH QUEEN	Anglais, commerce	18,200	6,782	62,035	8,06	500	1,800	43	645	8,0	3 1/2	217	759	18	270
GREAT WESTERN	*Id.*	18,503	6,250	56,952	7,90	450	1,600	39	585 (*)	8,6	3 1/2	199	700	17	255
SALAMANDER	Anglais, paquebot du gouvt.	12,962	5,505	31,528	7,00	220	790	19	285	8,1	3 1/2	110	386	9	136
MESSENGER	*Id.*	11,640	4,943	28,571	7,00	200	780	18 1/2	277	6,9	2 1/2	100	350	8 1/2	127
LE SPHINX	Français, marine royale	8,240	3,500	21,052	7,60	160	800	19	284	8,8	2 1/2	74	259	6	90
LA SOHO	Anglais, paquebot du gouvt.	9,225	3,400	21,428	7,00	150	755	18	270	8,1	3 1/2	75	262	6	90
FIREBRAND	*Id.*	7,390	3,141	19,246	7,30	140	550	13 1/2	202	7,7	3 1/2	67	234	5 1/2	82
COLUMBIA	*Id.*	5,760	2,242	16,551	7,25	120	420	10	150	5,9	3 1/2	58	203	5	75
ECHO	*Id.*	4,694	1,093	13,698	7,30	100	350	8 1/2	127	5,5	3 1/2	48	168	4	60
L'YVANOÉ	Anglais, bateau de poste	5,490	2,140	10,300	7,45	76	380	9	135	7,8	3 1/3	36	126	3	45
MOYENNES.		10,272	3,989	28,117	7,38 (**)	211	822 ou 003, 9 par force de cheval.	19 1/2	296	7,3 ou 13,524 kil	3 1/2	98	344 ou 003, 5 par force de cheval.	8	122
Goélette-Jouffroy (*Palmipède*)		5,340	2,970	10,300	»	»	»	»	»	(*)	3,25 (*)	33 (*)	115	2,6	43

En substituant des roues à aubes à l'appareil Palmipède, dont la goélette Jouffroy est armée, elle se trouverait dans les conditions suivantes, prenant la moyenne pour base :

Par mètre carré	Force totale	Par heure	Par 24 heures	Approvisionnement pour 15 jours
7,38	70	296	7	106

RESUMÉ.

Le rapport entre les deux systèmes est donc à l'avantage du nouveau (*Palmipède*). :: 1 : 2, 18 | :: 1 : 2, 4

Indépendamment de la voilure conservée intacte, qui permet de se passer de tout, ou en partie de la vapeur, lorsque le vent est favorable.

(*) Voir les notes ci-contre.

(**) Dans les bateaux à vapeur de rivière, à fonds plats, on emploie pour chaque mètre carré de l'aire de résistance, 19 chevaux-vapeur et la vitesse est portée au-delà de 23 kilomètres par heure. La *Ville de Corbeil* (bateau à vapeur de la Seine), par exemple, a largeur du maître-bau, mètres 3, 600, tirant d'eau, mètres, 0, 557; aire de résistance, mètres carrés, 2, 105; il emploie une force motrice de 40 chevaux, consomme 200 kilogrammes de charbon par heure; soit, 5 kilogrammes par force de cheval et par heure; sa vitesse moyenne est de kilomètres, 22, 200 par heure (12 milles marins.)

Dans les pyroscaphes de mer, à quille, les relations entre l'aire de résistance, la quantité de force motrice dépensée et la vitesse obtenue sont sensiblement les mêmes.

NOTES.

(1) Voir le rapport adopté par l'Académie des Sciences, séance du 2 novembre 1840.

(2) Ce navire, dans ses traversées, entre Bristol et New-York, en moyenne de 354 heures, consomme 553 tonneaux de charbon; en outre, il a toujours à bord, en permanence, 167 tonneaux de charbon par précaution, ce qui élève son chargement en combustible à environ 720 tonneaux pour chaque traversée. Ses machines pèsent 420 tonneaux, il jeauge 1340, il n'a donc de fret libre que 200 tonneaux environ.

Le projet de fondation d'une ligne de paquebots à vapeur entre le Havre et New-York, porte les traversées en moyenne à 384 heures, le chargement de charbon à 700 tonneaux, le fret en encombrement à 500 tonneaux et 170 passagers par chaque traversée. De ces 700 tonneaux de charbon, 552 sont alloués pour la consommation pendant chaque trajet pour une machine de 450 chevaux. Soit 3 kilogrammes 2/10 par force de cheval et par heure; le prix moyen de cette consommation est évaloé à 18215 fr. 14 c. pour aller du Havre à New-York, autant pour le retour au Havre, avec une augmentation de 15000 fr. sur le charbon embarqué à New-York, ce qui élève la dépense du combustible à 51430 fr. 28 c. par voyage complet, aller et retour. Le surplus des 552 tonneaux de charbon non consommé doit toujours rester à bord du navire en permanence, par précaution. Cette réserve est même portée dans le projet à 200 tonneaux. (Extrait d'un Rapport présenté à la Chambre de commerce du Havre, le 3 avril 1840, par MM. Delaroche, Perquier, fils aîné, Just Viel, et approuvé le 10 suivant.)

Nota. Un paquebot, système Palmipède, serait armé d'une machine de 200 chevaux seulement, sa consommation de charbon n'étant plus que de 270 tonneaux pour 384 heures à 3, 5 kilogr. par force de cheval et par heure, il n'embarquerait que 300 tonneaux, réserve par précaution comprise, pour aller du Havre à New-York et autant pour son retour, soit par voyage complet 600 tonneaux de charbon au lieu de 1 400; le fret s'élèverait alors, y compris la réduction du poids des machines, à 2 200 tonneaux au lieu de 1 000 par voyage complet.

Soit 26110 fr. dépensés en moins et 69300 fr. de recette en plus, comparés aux comptes numéros 4 et 5 du projet.

La société des bateaux à vapeur, entre Bordeaux et Hambourg, porte la consommation de charbon à 6 kilogrammes, par force de cheval et par heure.

soit, pour une machine de 180 chevaux, et 135 heures de traversée, 146 tonneaux de houille. (Meyer, Preller et compagnie.)

Nota. Le nouveau système employé réduirait cette consommation à 40 tonneaux au plus.

(5) BATIMENTS A VAPEUR.

DE LEUR VITESSE.

1830, 1831 et 1832. — Voyages faits par les paquebots du gouvernement anglais, de Falmouth à Corfou et retour, touchant à Cadix, Gibraltar et Malte.

CHEVAUX-VAPEUR.	140	200	140	120	100	100	80	100	100				
MOIS. / BATIMENTS.	Firebrand. R. M.	Messenger.	Hermes. P. B.	Columbia. P. B.	Météor.	Confiance.	Africain. P. B.	Carron.	Echo.	TOTAUX.	Moyennes des traversées.	Sous-vapeur.	Vitesse par heure.
	Jours.	Jours.	Jours.	Jours.	Jours.	Jours.	Jours.	Jours.	Jours.	Jours.	Jours.	Jours.	Milles.
Janvier - février. . . .	»	»	49	»	49	»	»	»	»	98	49	36	5,6
Février - mars.	»	»	»	46	47	»	54	»	»	147	49	36	5,6
Novembre - décembre.	»	»	44	51	»	»	»	»	»	95	47,5	34,5	5,9
Décembre - janvier. .	»	42	»	»	55	53	»	»	»	95	47,5	34,5	5,9
Mai - juin.	40	»	»	»	45	»	»	»	»	140	46,7	33,7	6,0
Juillet - août	»	»	44	»	»	»	»	49	»	93	46,5	33,5	6,1
Mars - avril.	39	»	»	»	»	»	»	»	52	91	45,5	32,5	6,1
Avril - mai	»	»	»	»	44	»	43	»	48	135	45	32	6,2
Septembre - octobre. .	»	48	42	»	»	»	»	»	»	90	45	32	6,3
Octobre - novembre. .	»	40	48	»	»	»	»	»	»	88	44	31	6,5
Juin - juillet	»	46	37	»	»	43	»	»	»	126	42	29	7,0
Août - septembre. . .	»	36	»	46	»	»	»	»	»	82	41	28	7,2
TOTAUX. .	79	212	264	143	240	96	97	49	100	1 280	»	»	»
MOYENNES	39,5	42,4	44	47,7	48	48	48,5	49	50	»	»	»	»
SOUS-VAPEUR	26,5	29,4	31	34,7	35	35	35,5	36	37	»	»	33,34	6,2
VITESSE PAR HEURE. . .	7,7	6,9	6,5	5,9	5,8	5,8	5,7	5,6	5,5	»	»	»	6,1

R. M. — Roues Morgan, ou roues articulées.

P. B. — Piston de Barton, ou piston métallique.

(*Annales Maritimes.*)

On voit par ce tableau que la moyenne de 6, 2 milles est obtenue pour 135000 milles parcourus en 1280 jours.

De 22 voyages, de Falmouth à Corfou, touchant Cadix, Gibraltar, Malte, Zante et Patras, et retour, faits par neuf paquebots du même gouvernement, dans des années différentes, par des bâtiments qui ne sont pas les mêmes, ou différemment installés, il résulte que le temps se trouve suivre à peu près la même variation.

Le Hugh-Lindsay, paquebot de la Compagnie des Indes-Orientales, de 180 chevaux, dans quatre voyages entre Bombay et Suez, et retour, n'a obtenu, vitesse moyenne pour 24000 milles de chemin, que 5, 9 milles par heure. (Léon Du Parc, *Annales Maritimes*, septembre 1840.)

« Qu'on se souvienne, ajoute cet habile officier de marine, combien les « merveilleuses vitesses américaines furent réduites quand le gouverne-« ment français, pour vérifier l'exactitude des faits, eut envoyé dans ce pays « un de ses officiers du génie maritime les plus distingués, M. Marestier, « et qu'on se défie, après cela, des vitesses données par les journaux aux « navires anglais. »

Comparant la marche des bâtiments à vapeur à celle des bâtiments à voiles, les Anglais font quelquefois entrer dans les temps de la traversée de comparaison le temps des relâches, le considérant comme obligé pour faire du charbon, le perfectionnement de la navigation par la vapeur fera disparaître cet assujettissement. (Léon Du Parc, *Annales Maritimes*.)

Nota. Le système Palmipède paraît devoir résoudre toutes les questions des assujettissements nombreux, inséparables du système des roues à aubes.

(4) On voit donc que la différence qui existe entre la vitesse de ces divers bâtiments est en raison de la consommation du charbon et de la perfection de leurs machines. Ainsi :

L'Ivanhoë, bateau de poste de 76 chevaux, consomme 5 kilogrammes de charbon par force de cheval et par heure pour une vitesse moyenne de 7, 8 milles par heure (Tredgold) ;

L'Écho, paquebot du gouvernement, de 100 chevaux, consomme 3, 5 kilogrammes par force de cheval et par heure pour une vitesse moyenne de 5, 5 milles par heure (Du Parc) ;

Le Sphinx, bâtiment modèle de la marine royale, de 160 chevaux, consomme 5 kilogrammes par force de cheval et par heure pour une vitesse moyenne de 8 milles par heure (*Annales Maritimes*) ;

Le Soho, pyroscaphe par Bolton et Watt, de 150 chevaux, consomme 5 kilogrammes par force de cheval et par heure pour une vitesse moyenne de 8, 1 milles par heure (Tredgold) ;

Le British-Queen de 500 chevaux et *le Great-Western* de 450 chevaux, navires de commerce, consomment 3, 5 kilogrammes par force de cheval et par heure pour une vitesse moyenne, prétendue égale aux bâtiments de la marine royale, soit 8 milles et 8, 6 par heure. (London publ.)

Nota. Si ces deux navires consommaient 5 kilogrammes par heure et par force de cheval, cette vitesse serait possible; mais ne consommant qu'une quantité de charbon égale à *Echo, Columbia, Salamander, Messenger*, etc., il n'est guère probable qu'ils dépassent la vitesse moyenne du tableau 7, 2 milles par heure, quelle que soit la perfection des machines dont ils sont armés.

Quoi qu'il en soit, admettant toutes les vitesses données en moyenne de 7, 2 milles par heure, nous démontrerons que la goëlette-Jouffroy (Palmipède) dépassera cette vitesse avec une économie de combustible de plus de 50 p. 0/0. En effet:

Dans l'expérience faite en présence de la première Commission de l'Académie des Sciences, avec l'emploi d'une force de 12,50 chevaux seulement, consommant 3, 5 kilogrammes de charbon par force de cheval et par heure, la vitesse de 4, 9 milles par heure a été constatée (*). (Voir le Rapport adopté par l'Académie des Sciences, séances des 27 avril et 3 mai 1840.) Si toutes les parties du mécanisme de l'appareil Palmipède avaient été ce qu'elles sont aujourd'hui, c'est-à-dire dans des proportions exactes, ce que l'inventeur ne pouvait apprécier de prime abord, on eût employé l'effort entier du moteur, 33 chevaux environ, et la goëlette eût, sans nul doute, dépassé en vitesse les meilleurs pyroscaphes de mer, malgré la rapidité de la rivière, élevée alors à 4 mètres au-dessus des plus basses eaux (avec des roues, la goëlette n'eût pas été ébranlée sous la faible puissance de 12,50 chevaux).

Dans les études qui ont précédé et suivi cette expérience, la vitesse de la goëlette a constamment varié entre 4, 9 et 5, 9 milles par heure, sous la modique puissance de 12,50 chevaux, soit 1,25 *cheval-vapeur* environ *pour chaque mètre carré de l'aire de résistance.* Un savant, M. F. Moigno, qui a assisté à toutes ces études et qui a publié plusieurs articles dans le journal *L'Univers*, à l'effet de faire connaître son opinion sur le nouveau système, s'exprime, dans un des comptes-rendus, de la manière suivante:

« Une circonstance fâcheuse en apparence, mais heureuse en réalité, me « mit à même d'apprécier la force de l'appareil nouveau. Dans une de nos « expériences, la goëlette échoua, et la quille, sur toute sa longueur, s'en-

(*) *Force de vapeur appliquée à la Goëlette-Jouffroy.*

Tension, 6 atmosphères,			50	chevaux.
Réduite à 4	*id.*	pour l'appareil palmipede	33,33	*id.*
Vitesse,	40 révolutions, par minute		50	*id.*
Réduite à 16	*id.*	pour les expériences	20	*id.*

Consom. de h. p. 50 chev. à 3,5 k. par force de chev. et par heure, 175 k.
Réduite à *id.* 20 *id.* *id.* 70 k.

La consommation de houille, n'ayant été que de 44 kilog. par heure (*de 15 à 16 révolutions par minute pendant toute la durée de l'expérience*), on n'a pu employer que 12,50 chevaux-vapeur.

« gagea dans un gravier résistant; les mariniers disaient hautement qu'on « ne pourrait pas la remettre à flot, qu'il faudrait attendre la crue de la ri- « vière. Trois fois on hala le navire sur une ancre profondément enfoncée, « trois fois l'ancre revint à bord sans que la goëlette eût été même ébranlée. « Plein de confiance dans les palmes articulées qui se trouvaient libres, j'ob- « tins enfin qu'on les ferait agir. Elles s'étaient à peine ouvertes et refer- « mées trois fois, que la goëlette, dégagée sur tous les points à la fois, s'éloi- « gnait avec vitesse de ce fatal écueil; le système de M. de Jouffroy avait « fait ses preuves. » (*L'Univers*, 26 mai 1840.)

Que conclure de ces assertions?

La réponse est celle-ci : Si la frégate *la Méduse* avait été armée d'un appareil Palmipède d'une force de 100 chevaux seulement, elle n'eût pas péri à la suite de son échouement.

Si la corvette *la Marne* qui vient, tout à l'heure, de se briser sur les rochers de Stora (Algérie), avait été armée d'un appareil Palmipède de 60 chevaux seulement, son commandant eût pu reprendre le large et gagner un port commode, au lieu de la faire échouer pour sauver l'équipage.

FIN DES NOTES.

RAPPORT

SUR

DES EXPÉRIENCES FAITES AVEC DES AUBES ARTICULÉES, A MOUVEMENT ALTERNATIF, APPLIQUÉES A UNE GOÉLETTE A VAPEUR,

PAR M. DE JOUFFROY.

Commissaires, MM. Arago, Ch. Dupin, Poncelet, Séguier *rapporteur*.

(Extrait des *Comptes-rendus des séances de l'Académie des Sciences*, séances du 27 avril et du 3 mai 1840.)

Chargés par vous d'assister à des expériences de navigation à vapeur, dont M. de Jouffroy aurait désiré vous rendre tous témoins, nous venons aujourd'hui vous faire le rapport des faits accomplis sous nos yeux.

Avant d'énoncer les résultats obtenus, permettez-nous de rappeler succinctement le but que M. de Jouffroy s'est proposé d'atteindre.

Fils de l'homme qui, le premier, réalisa pratiquement l'immortelle pensée de Papin, M. de Jouffroy n'a point cessé d'avoir les regards fixés sur l'œuvre de son père. Jaloux de faire des progrès de la navigation par la vapeur une gloire de famille, il s'efforce d'apporter à cette admirable application son contingent personnel de perfectionnements. De nombreuses observations l'ont conduit à penser que le mode d'impulsion préféré après bien des essais par son père, depuis constamment employé, n'utilisait cependant, pour la marche du navire, qu'une faible partie de l'effort total du moteur. Ce grave inconvénient lui a paru tenir principalement à l'usage des roues à aubes comme organes d'impulsion ; les circonstances défavorables dans lesquelles elles sont incessamment placées lui semblent ne permettre aux roues de réaliser au profit de la marche du navire qu'une très faible fraction de l'effort dont elles ont été animées ; la perte de force résulte, selon lui, de la vicieuse application de la puissance par l'intermédiaire de la roue. Celle-ci n'agit d'une manière directe et sensiblement parallèle à la ligne de progression du navire que pendant un arc très court de sa révolution. M. de Jouffroy croit qu'une portion considérable de l'effet mécanique est encore épuisée par les aubes des roues en chocs destructeurs sur le liquide au moment de leur immersion. Le soulèvement inutile d'une assez grande masse de liquide à l'instant de leur immersion lui paraît aussi une autre cause grave de perte de force.

Préoccupé de ces inconvénients inhérents aux roues, désireux de délivrer les navires à vapeur de ces organes si incommodes à la mer, si difficiles à protéger et à défendre, et contre la fureur des vagues et contre le feu de l'ennemi, M. de Jouffroy a cherché s'il n'était pas possible de les remplacer par des appareils d'impulsion plus simples, d'une installation plus commode, plus faciles à garantir, appliquant surtout plus utilement la puissance du moteur à la progression du navire. Après mûres réflexions, il est resté convaincu qu'il n'était possible d'atteindre un résultat meilleur qu'en abandonnant le mouvement circulaire continu de la roue à aubes pour imprimer aux autres aubes seules un mouvement alternatif.

La première des conditions dans lesquelles M. de Jouffroy désire utilement innover, est de rencontrer dans le liquide le point d'appui le plus solide possible. Deux circonstances lui paraissent éminemment convenables pour atteindre ce but, augmenter la surface de l'appareil d'impulsion, lui imprimer une grande vitesse. Il pense que l'effort développé sera d'autant mieux utilisé, qu'il sera produit et appliqué dans une direction sensiblement parallèle à la marche du navire.

Pour réaliser ses conceptions, M. de Jouffroy a installé, à l'arrière de son bâtiment à vapeur, deux paires d'aubes suspendues à de longs leviers : ces aubes sont composées de deux ventaux liés par des charnières pouvant se rapprocher et s'écarter de façon à devenir parallèles entre eux ou à former, l'un par rapport à l'autre, un angle très obtus. Un moteur à vapeur imprime à ces aubes articulées un mouvement de va-et-vient; l'ouverture, sous un angle obtus, est la position des aubes agissantes, l'état de parallélisme est celui assigné aux aubes au moment du retour.

L'ouverture et la fermeture des ventaux des aubes est ingénieusement puisée dans le mouvement oscillatoire des leviers; cet effet est le résultat de la différence de position des centres d'oscillation des leviers. La diversité de relation de leurs positions respectives réagit sur les ventaux avec lesquels ils sont liés et détermine successivement leur ouverture et leur fermeture. Ces fonctions s'exécutent dans des temps inégaux; pour les faire accomplir il a suffi de relier les organes d'impulsion par des bielles d'une longueur convenablement calculée avec un arbre plusieurs fois coudé auquel une double machine à vapeur imprime un mouvement de rotation continu.

Tel est en abrégé le stratagème mécanique employé par M. de Jouffroy pour imiter, comme il le dit lui-même dans le Mémoire déposé, les mouvements de progression des êtres organisés. A l'expérience pratique appartient de démontrer toute la justesse de ses prévisions.

L'essai de navigation à la vapeur, auquel M. de Jouffroy a fait assister vos Commissaires, a été répété avec une goëlette à quille de 20 mètres de long, 5^{m}, 30 de large, 2^{m}, 14 de tirant d'eau; la maîtresse section présentait au liquide une surface de résistance d'environ 10 mètres carrés. La force motrice pour mettre en jeu les nouveaux organes était empruntée à un double appareil à vapeur à haute pression. La vitesse imprimée au navire a varié pendant l'expérience entre 8 et 9 kilomètres par heure. M. de Jouffroy assure avoir plusieurs fois atteint une vitesse de 11 kilomètres. Vos Commissaires ont en effet remarqué avec peine que la faiblesse de quelque partie du mécanisme ne permît point d'employer l'effort entier du moteur. Celui-ci, construit pour imprimer à l'arbre coudé qui met les aubes articulées en jeu, de trente à quarante révolutions par minute, n'en fit jamais dans le même espace de temps, pendant toute la durée de l'expérience, plus de quinze à seize.

Le navire après avoir remonté le courant de la rivière, au-dessus du pont du Pecq, vira de bord et vint s'amarrer au-dessous du même pont; pendant toute la durée de l'essai, vos Commissaires ont constaté que l'appareil d'impulsion avait fidèlement rempli toutes ses fonctions. Ils ont regretté néanmoins qu'un effort plus considérable n'ait pu lui être appliqué, afin de rapprocher davantage la vitesse de la marche de cette goëlette de celle des autres bateaux à vapeur. Néanmoins la comparaison par eux faite entre la résistance de la goëlette et celle des autres bateaux à vapeur, entre la puissance qui l'animait pendant l'expérience et l'action mécanique dont les autres bateaux sont généralement pourvus, leur a paru expliquer et justifier suffisamment cette infériorité apparente. Il résulte en effet d'un tableau dressé par M. de Jouffroy, et placé par lui sous les yeux de vos Commissaires, que la puissance serait à la résistance,

Dans les navires de mer	*le Sphinx*,	comme	1 à 7,60
	le Soho,	comme	1 à 7
	l'Ivanhoë,	comme	1 à 7,45

dans certains bateaux de rivière comme 1 à 17, tandis que dans la goëlette ce rapport ne serait que de 1 à 1,50 environ.

La difficulté de constater autrement que par des expériences directes et spéciales la quantité d'action empruntée à une machine ne travaillant pas à pleine puissance, n'a point permis à vos Commissaires de prendre ces calculs pour base d'une opinion arrêtée et définitive sur l'étendue des avantages que le nouveau mode d'impulsion pourra présenter sur l'ancien. Vos Commissaires ne se dissimulent pas non plus les difficultés que M. de Jouffroy rencontrera pour la réalisation pratique de son ingénieux mécanisme. Le principe même d'action de ce nouveau mode d'impulsion à efforts instantanés et alternatifs exige que toutes les pièces du mécanisme, à chaque pulsation, passent brusquement de l'état de repos à celui de mouvement rapide ; l'appareil se trouve ainsi exposé à des chocs qui pourront peut-être par leur fréquente répétition compromettre la solidité et la durée de ses organes. Des expériences suffisamment prolongées, répétées dans les circonstances mêmes où l'appareil nouveau est destiné à fonctionner habituellement, c'est-à-dire en mer, sur un vaisseau ballotté par les vagues, exposé au choc violent des lames, pourront seules permettre de porter un jugement certain sur la réalité et l'importance de ses avantages.

Privés de ces bases solides et indispensables pour former leur opinion en une matière aussi grave, vos Commissaires se plaisent à reconnaître tout ce que présente de nouveau et d'ingénieux, soit dans ses dispositions, soit dans son installation à bord, ce mécanisme, fruit des longues études, des persévérantes méditations d'un ingénieur qui s'efforce de rechercher les conditions les plus convenables pour la solution de l'important problème de la navigation à vapeur.

Vos Commissaires vous proposent donc de témoigner à M. de Jouffroy l'intérêt qu'inspirent ses travaux, et le désir de voir l'expérience couronner d'un plein succès les louables tentatives qu'il ne cesse de faire pour le perfectionnement d'une des plus belles, des plus utiles conceptions de l'esprit humain, de cette admirable invention de la navigation à la vapeur, à laquelle les noms français Papin et de Jouffroy doivent rester à tout jamais unis.

Les conclusions de ce Rapport sont adoptées.

RAPPORT

SUR LE NOUVEAU SYSTÈME

DE NAVIGATION A LA VAPEUR

DE M. LE MARQUIS DE JOUFFROY.

(Extrait des *Comptes-rendus des séances de l'Académie des Sciences*, séance du 2 novembre 1840.)

Commissaires, MM. Poncelet, Gambey, Piobert, Aug. Cauchy *rapporteur*.

L'Académie nous a chargés, MM. Poncelet, Gambey, Piobert et moi, de lui rendre compte d'un nouveau système de navigation à la vapeur. Ce système, dont l'Académie s'est déjà occupée, est celui qu'a présenté M. le marquis Achille de Jouffroy, c'est-à-dire le fils même de l'inventeur des pyroscaphes. On sait en effet aujourd'hui que le marquis Claude de Jouffroy, après avoir, dès 1775, exposé ses idées sur l'application de la vapeur à la navigation devant une réunion de savants et d'amis, parmi lesquels se trouvaient MM. Perrier, d'Auxiron, le chevalier de Follenay, le marquis Ducrest et l'abbé d'Arnal, a eu la gloire de faire naviguer sur le Doubs, en 1776, et sur la Saône, en 1780, les premiers bateaux à vapeur qui aient réalisé cette application. Déjà le savant rapport de MM. Arago, Dupin, Poncelet et Séguier a rappelé l'expérience solennelle faite à Lyon, en 1780, expérience dans laquelle un bateau à vapeur, construit par M. Claude de Jouffroy, chargé de 300 milliers, et offrant les mêmes dimensions auxquelles on est maintenant revenu dans la construction des meilleurs pyroscaphes, a remonté la Saône avec une vitesse de plus de deux lieues à l'heure. Déjà l'on a signalé l'hommage rendu à l'auteur de l'expérience de Lyon par ce même Fulton, qui long-temps a passé en France pour avoir découvert la navigation à la vapeur. Déjà enfin les expériences auxquelles ont assisté les premiers Commissaires sont connues de l'Académie; déjà elle sait que non-seulement le nouvel appareil d'impulsion proposé par M. Achille de Jouffroy est tout-à-fait rationnel en théorie; mais aussi que cet appareil, appliqué sur la Seine à une goëlette d'environ 120 tonneaux, a fidèlement rempli toutes ses fonctions, et a même fourni le moyen de remettre à flot, sans attendre la crue de la rivière, la goëlette, dont la quille, dans une de ces expériences, s'était engagée sur toute sa longueur dans un gravier résistant. Les perfectionnements apportés par M. de Jouffroy dans la construction de son appareil dont la force est devenue plus considérable, et les expériences nouvelles, exécutées sous nos yeux, ne laissent plus de doutes dans notre esprit sur les avantages que présente le nouveau système de navigation. Pour que l'Académie puisse apprécier les motifs de notre conviction, nous allons entrer ici dans quelques détails.

Considérons un bâtiment qui, plongé en partie dans un liquide, porte en lui-même un moteur quelconque, par exemple, une machine à vapeur. Ce moteur pourra être utilement employé pour aire marcher le bâtiment dans une certaine direction, s'il communique le mouvement à un appareil qui refoule une portion du liquide dans la direction opposée. Cette portion du liquide sera en quelque sorte un point d'appui pour l'appareil locomoteur ; mais ce sera un point d'appui qui cèdera en partie à l'action de la force motrice, et qui rendra utile une partie de cette force d'autant plus petite qu'il aura moins de fixité. Ajoutons que la quantité de travail produite par la machine à vapeur, et non consommée par les frottements dans son passage au travers de la machine et de l'appareil locomoteur, se divisera en deux parties, dont la première surmontera la résistance opposée à la marche du bâtiment par la masse de liquide qui le précède, tandis que la seconde chassera en arrière une portion plus ou moins considérable de la masse de liquide qui le suit. Observons encore que le rapport suivant lequel la quantité de travail se partagera entre ces deux masses dépendra surtout de l'étendue de la surface présentée au liquide par l'appareil locomoteur. En général la vitesse du bâtiment croît avec cette surface, sans pouvoir dépasser la vitesse qui aurait lieu si cette même surface devenait infinie.

Appliquons ces principes généraux à la discussion des avantages ou des inconvénients que présentent l'appareil locomoteur maintenant en usage et celui par lequel M. de Jouffroy se propose de le remplacer.

Les bâtiments à vapeur sont, comme on sait, armés généralement, sur leurs côtés, de roues à aubes qui tournent sur elles-mêmes d'un mouvement continu. Dans les bâtiments que l'on emploie d'ordinaire, dans *le Sphynx*, par exemple, la surface de chaque aube est d'environ deux mètres carrés. Deux ou trois aubes seulement se trouvent, à un instant donné, plongées dans la masse liquide.

L'appareil que M. de Jouffroy propose de substituer aux roues à aubes se compose de deux palmes ou pattes de cygne articulées, placées à l'arrière du bâtiment et douées d'un mouvement alternatif, qui s'ouvrent pour frapper l'eau à reculons, et se ferment ensuite pour revenir à la place qu'elles occupaient d'abord. L'heureuse idée de cet appareil a été suggérée à M. de Jouffroy, comme il le dit lui-même, par le désir bien naturel d'imiter cet admirable mécanisme dont la sagesse du Créateur a pourvu le cygne et les oiseaux navigateurs destinés par elle à sillonner la surface des eaux. Pour une frégate de 44 canons, la superficie de chaque palme serait d'environ 20 mètres carrés.

Or la surface des palmes, étant très considérable par rapport à la surface immergée des aubes, donne aux palmes cet avantage, qu'avec la même force motrice elles impriment une moindre vitesse au liquide placé en arrière du bâtiment, et par suite une vitesse plus grande au bâtiment lui-même. D'ailleurs, les palmes, agissant toujours en sens opposé de la direction que suit le bâtiment, ne produisent qu'un effet utile à la marche de celui-ci. On ne pourrait en dire autant des aubes qui, en raison de leur mouvement rotatoire, lorsqu'elles ne sont pas articulées, choquent et poussent le fluide dans diverses directions (1).

On ne sera donc point étonné d'apprendre que les expériences faites en notre présence, et dans lesquelles nous nous sommes surtout proposé de comparer les deux systèmes l'un à l'autre, soient entièrement favorables au nouveau système. Il résulte en particulier de ces expériences, que le nouveau système présente une grande économie de force motrice, et par conséquent de combustible.

Aux avantages que nous avons signalés dans le nouveau système, ont doit joindre la facilité que présentent les palmes de pouvoir être appliquées à toutes sortes de bâtiments, même armés de voiles. Ajoutons que la grande profondeur à laquelle elles travaillent tend à les préserver d'un inconvénient offert par les roues à aubes qui peuvent devenir inutiles ou même nuisibles, non-seulement au milieu d'une tempête pendant laquelle ces roues se trouveraient exposées, avec les tambours qui les renferment, au choc violent des lames et des vents, mais aussi dans un bâtiment marchant sous voiles par un vent largue, puisque alors une des roues, sortant de l'eau, tournerait à vide, l'autre étant noyée. Observons encore qu'appliquées à un bâtiment de guerre, les roues, en obstruant au moins douze sabords, le privent d'autant de canons, et peuvent d'ailleurs être facilement endommagées par l'artillerie, tandis que

(1) Quant aux roues à aubes articulées, pour produire le même effet que les autres roues, elles paraissent exiger que l'on augmente leur vitesse, en augmentant la force motrice elle-même d'environ un douzième.

les palmes, travaillant sous l'eau et se dérobant à la vue, courent beaucoup moins de dangers, et ne causent nul embarras.

Parmi les avantages que les palmes ont sur les roues, ceux qui tiennent à une plus grande étendue de la surface présentée au liquide par l'appareil locomoteur, diminuent à mesure que l'on augmente la superficie des aubes. Mais cette superficie ne saurait être, sans des inconvénients graves, augmentée au point de rendre l'effet produit par les roues comparable à celui que produisent les palmes, surtout pour les bâtiments de grandes dimensions. Quant aux bâtiments de petites dimensions, plus particulièrement destinés à naviguer sur les canaux, on peut à la vérité leur appliquer des roues dont les aubes offrent une superficie comparable à celle des palmes; mais il est juste d'observer, d'une part, que les roues, en élargissant les bâtiments, exigent une plus grande largeur des canaux mêmes, et d'autre part que ces roues, en traversant sans cesse la surface de l'eau, soit pour entrer dans la masse liquide, soit pour en sortir, produisent à cette surface une agitation dont l'expérience démontre l'influence destructive sur les berges des canaux.

Nous aimons à croire que la vue de tous les avantages ci-dessus indiqués déterminera la marine française à faire en grand l'essai du nouveau système; que, si M. de Jouffroy père a pu voir ses belles expériences trop long-temps oubliées dans sa patrie, le fils sera plus heureux; et que cette fois du moins la France ne se laissera pas ravir une découverte qui peut devenir si utile à ceux qui les premiers auront su en profiter.

Avant de terminer ce rapport, nous ferons une dernière observation qui n'est pas sans importance. Quelles que soient la perfection et l'utilité d'un appareil, il peut arriver que dans certains cas cette utilité devienne douteuse ou même disparaisse entièrement. La grande mobilité des roues doit être recherchée dans un chariot, dans une voiture, et pourtant le chemin peut offrir une pente tellement rapide, qu'on soit obligé de les enrayer. Personne ne conteste l'utilité des voiles pour faire marcher un navire sous l'action du vent, et toutefois cette action peut être tellement violente, qu'il devienne absolument nécessaire de les carguer ou même de les caler. Enfin les roues à aubes peuvent devenir non-seulement inutiles, mais encore nuisibles, et même le deviendront généralement dans les vaisseaux marchant sous voiles, comme nous l'avons expliqué. Les palmes seraient-elles seules exemptes des inconvénients que peuvent offrir, en des circonstances données, les autres appareils? Attachées, comme M. de Jouffroy le suppose, à la poupe d'un bâtiment, seraient-elles assez solides pour n'avoir rien à craindre, dans une mer violemment agitée, du choc des vagues et d'un mouvement de tangage très marqué? Il faudra évidemment recourir à l'expérience en grand, pour être en état de résoudre cette question. Si l'expérience prouve que dans la navigation en pleine mer, et dans les temps d'orage, le nouvel appareil ne peut travailler sans être compromis, ce que l'on devra faire alors ce sera de le mettre au repos, non en le ramenant sur le pont, comme on l'avait proposé d'abord, mais en le ramenant au contraire sous les flancs du navire, où il pourra demeurer en sûreté. Il deviendra pour un temps inutile, comme le sont les voiles où les roues dans des cas semblables, et reprendra ses fonctions lorsque la tempête sera calmée.

En résumé, l'avantage incontestable qu'offrent les palmes de pouvoir s'adapter à toutes sortes de bâtiments, de guerre ou de commerce, grands ou petits, quelle que soit d'ailleurs leur construction, ou leur forme, sans exiger aucune modification dans leur voilure, sans priver les bâtiments de guerre d'une partie de leurs canons, sans élargir la voie des bâtiments de commerce destinés à naviguer sur les canaux; les avantages non moins évidents qu'elles tiennent de leur immersion totale, de la direction unique et toujours utile de leur mouvement propre, et de la grande étendue de surface qu'elles présentent au liquide, doivent faire vivement souhaiter que la marine française essaie en grand le nouveau système. Cet essai paraît d'autant plus désirable, qu'une économie notable de force motrice et de combustible est indiquée par la théorie comme conséquence nécessaire des avantages que nous venons de signaler. Nous dirons même que, suivant l'opinion personnelle de tous les membres de la Commission, cette économie est déjà suffisamment constatée par les diverses expériences exécutées jusqu'à ce jour, soit par celles qui, en présence des premiers Commissaires, ont été tentées sur une goëlette d'environ 120 tonneaux, pourvue d'un appareil malheureusement trop faible et encore imparfait, soit par celles que nous avons dû exécuter sur le petit modèle présenté à l'Académie et soumis par elle à notre examen. Nous pensons d'ailleurs que, dès à présent, il est juste de reconnaître les avantages du nouveau système tels que nous les avons définis, et que ce système est très digne de l'approbation de l'Académie.

Les conclusions de ce Rapport ont été adoptées.

P. S. Nous joignons à ce Rapport les résultats de quelques expériences qui peuvent donner une idée des avantages que le nouveau système présente sur l'ancien, relativement à l'économie de force motrice.

EXPÉRIENCES.

Pour rendre plus faciles des expériences propres à faire connaître les avantages ou les inconvénients du nouveau système, M. de Jouffroy a construit sur l'échelle de 1 mètre pour 37 mètres, une frégate modèle qu'il arme à volonté de pattes de cygne ou de roues à aubes, dont les dimensions ont avec celles du modèle les mêmes rapports qui subsistent ou doivent subsister dans l'exécution en grand. Voici les résultats de quelques expériences, dans lesquelles un seul et même moteur a été appliqué à la frégate placée sur un canal et pourvue de l'un ou de l'autre appareil.

Première expérience, dans laquelle la frégate a navigué sur le canal, en remontant contre le vent.

Armée de roues à aubes, la frégate a parcouru $41^{m},60$ en 7 minutes. Dans cet intervalle de temps, au bout duquel la force motrice a été complétement épuisée, les roues ont fait chacune 130 révolutions.

Armée de pattes, la frégate a parcouru $49^{m},40$ en 7 minutes, pendant lesquelles le nombre des battements ou oscillations des pattes a été de 130. Mais ce qu'il importe de remarquer, c'est qu'alors, au bout de 7 minutes, la force motrice, loin d'être épuisée, a continué de faire marcher pendant 11 autres minutes la frégate, qui, dans ce nouvel intervalle de temps, a parcouru plus de 50 mètres.

Deuxième expérience, dans laquelle la frégate a navigué sur le canal, en descendant sous le vent.

Armée de roues, la frégate a parcouru $52^m,60$ en 8 minutes. Dans cet intervalle de temps, au bout duquel la force motrice a été complétement épuisée, chaque roue a exécuté 182 révolutions.

Armée de pattes, la frégate a parcouru $70^m,20$ en 8 minutes, le nombre des battements dans cet intervalle ayant été de 182. Mais, au bout de ces 8 minutes, la force motrice n'était pas épuisée, comme dans le premier cas, et elle a continué de faire marcher, pendant 8 autres minutes, la frégate, qui, dans ce nouvel intervalle de temps, a parcouru $59^m,80$.

Ces expériences démontrent évidemment que les palmes ont sur les roues un grand avantage sous le rapport de l'économie de force motrice. Si cet avantage eût été déduit par la théorie d'expériences faites seulement sur la frégate armée du nouvel appareil, on pourrait jusqu'à un certain point contester un résultat de calcul. Mais ici, pour se rendre indépendant de toute cause d'erreur, on a comparé directement l'ancien système au nouveau, et l'on a opéré successivement avec l'un et l'autre appareil, en les plaçant tous les deux dans les mêmes conditions. Il n'y a donc aucune possibilité de révoquer en doute l'avantage incontestable que donne l'expérience au nouveau système, avantage qui d'ailleurs était déjà clairement indiqué par la théorie et les principes les plus certains de la dynamique.

FIN DES RAPPORTS.

MÉMOIRE

Lu par l'Auteur

A L'ACADÉMIE DES SCIENCES

LE 18 NOVEMBRE 1839.

DES

BATEAUX A VAPEUR.

INTRODUCTION.

L'invention des machines à vapeur et leur première application à la navigation ont été réclamées de notre temps par l'Angleterre, par l'Amérique et même par l'Espagne, comme étant leur propriété. L'autorité de M. Arago, une des plus imposantes de l'époque actuelle en fait de sciences positives, ne permet pas de contester à la France la priorité de cette découverte.

Dans sa notice historique sur les bateaux à vapeur, M. Arago, après avoir fait observer que Papin, dans un ouvrage publié en 1695, proposait d'employer la machine atmosphérique pour naviguer contre le vent et remplacer la force des rameurs, conclut de ses recherches[1] :

(1) Annuaire pour l'an 1837, pag. 291, 292 et 293.

« Que M. Perrier est le premier qui, en 1775, ait construit un « bateau à vapeur (un ouvrage de M. Ducrest, imprimé en 1777, « contient la discussion des expériences auxquelles cet ingénieur « avait assisté ; leur date est ainsi constatée authentiquement);

« Que des essais, sur une plus grande échelle, furent faits « en 1778, à Baumes-les-Dames, par M. le marquis de Jouffroy; « qu'en 1781 M. de Jouffroy, passant de l'expérience à l'exé-« cution, établit réellement sur la Saône un grand bateau du « même genre qui n'avait pas moins de 46 mètres de long avec « 4,5 mètres de large;

« Que le ministre d'alors adressa à l'Académie des Sciences, « en 1783, le procès-verbal des résultats favorables donnés par « ce bateau, dans la vue de décider si M. de Jouffroy avait droit « au privilége exclusif qu'il réclamait[1] (MM. Borda et Perrier « furent nommés commissaires);

« Que les essais faits en Angleterre par M. Miller, lord Stan-« hope et M. Symington, sont d'une date bien postérieure (les « premiers doivent être rapportés à l'année 1791 ; ceux de lord « Stanhope à 1795, et l'expérience faite par Symington dans un « canal d'Écosse, à l'année 1801);

« Qu'enfin les tentatives de MM. Livington et Fulton, à Paris, « n'étant que de 1803, elles pourraient d'autant moins donner « des titres à l'invention que Fulton avait eu en Angleterre une « connaissance détaillée des essais de MM. Miller et Symington, « que plusieurs de ses compatriotes, M. Fitch, entre autres, s'é-« taient livrés sur cet objet à des expériences publiques dès « l'année 1786. »

(1) « Le bateau essayé à Lyon renfermait deux machines à vapeur dis-« tinctes. Les événements de la révolution française forcèrent M. le marquis « de Jouffroy d'émigrer, et toutes ses tentatives ne purent avoir aucune « suite. »

(*Note de M. Arago.*)

M. Arago, en attribuant au marquis de Jouffroy, mon père, la principale part dans l'application du procédé encore généralement en usage pour naviguer à l'aide de la vapeur, est le premier qui ait réparé, du moins en partie, une injustice solennelle qui s'exerçait, depuis soixante ans, à l'égard d'un homme ingénieux dont la vie et la fortune furent consacrés à réaliser cet important problème, et qui le résolut avec plein succès en présence de milliers de témoins dont plusieurs vivent encore, au moyen d'un appareil dont tous les navires à vapeur qui sillonnent aujourd'hui les mers et les fleuves, ne sont que des imitations plus ou moins serviles. Néanmoins, partageant la destinée commune de la plupart des inventeurs, M. de Jouffroy est mort pauvre et méconnu.

Je dois d'autant plus de reconnaissance au savant qui a réhabilité ainsi la mémoire de mon père, que nulles communications n'avaient eu lieu entre nous. C'est d'après ses propres recherches, et en retrouvant la trace de quelques documents fort authentiques, mais enfouis et presque oubliés, que M. Arago paraît avoir formé sa conviction. Mais ces matériaux incomplets n'ayant pu lui fournir le moyen d'appuyer son assertion sur des preuves circonstanciées, il me paraît utile de développer les faits pour les corroborer, et pour réduire au silence les prétentions des savants étrangers.

Avant de tracer le précis historique de cette invention, qu'il me soit permis de présenter quelques réflexions préliminaires que la notice de M. Arago et les critiques étrangères auxquelles elle a donné lieu rendent à mes yeux indispensables.

A qui appartient le mérite de l'invention d'un procédé utile dans les sciences et les arts? Sera-ce à l'esprit spéculatif qui a seulement entrevu que l'application était possible, ou à l'homme industrieux et patient qui est parvenu à lever toutes les difficultés de l'exécution?

Il semblerait au premier abord (et telle est l'opinion de M. Arago), que la priorité d'une invention appartient sans conteste à celui qui le premier l'a aperçue, en a signalé l'utilité, et qui a pris date en publiant sa pensée; car remarquez qu'un homme peut avoir trouvé, par la seule force de son génie, une combinaison importante et nouvelle, s'en croire de bonne foi l'inventeur, l'avoir méditée pendant vingt ans, et finalement l'avoir exécutée. Si durant cette période il se trouve qu'un autre ait fait imprimer quelques lignes sur le même sujet, le premier aura perdu la qualité d'inventeur. De sorte que tout consisterait à se hâter de prendre note et de publier toutes les imaginations qui viendraient à l'esprit, quelque imparfaites, quelque informes et quelque impraticables qu'elles fussent pour s'attribuer le mérite de tout ce qui s'exécuterait plus tard d'utile dans cette partie de la science. En matière d'inventions mécaniques, n'a-t-on pas dit plus justement : « Le « véritable inventeur aux yeux du monde est celui qui leur donne « le perfectionnement définitif et indispensable, qui en rend l'ap- « plication générale [1] ? »

Au surplus, s'il fallait rechercher dans les livres les titres à la priorité de chaque invention, il serait presque impossible aux générations actuelles d'éviter le reproche de plagiat; car le germe de toutes les découvertes modernes peut se rencontrer plus ou moins développé chez les anciens. On lit dans le code de Menou, écrit il y a trois mille ans, une description assez exacte du procédé de la vaccine; le docteur Jenner en est-il moins considéré comme inventeur?

L'imprimerie, la poudre à canon étaient d'usage dans l'Orient longtemps avant Guttemberg et le moine allemand. On peut aisément trouver dans les annales de l'industrie chinoise des procédés

(1) Introduction à l'*Encyclopédie Catholique*, pag. LX.

analogues à tous ceux que nous pratiquons ; quant à l'emploi de la vapeur d'eau comme force motrice, il faut remonter au moins jusqu'à Héron d'Alexandrie, dont la machine à réaction est parfaitement décrite, et pourrait même équivaloir aux machines en usage aujourd'hui, si l'on en croit plusieurs ingénieurs habiles qui s'occupent en ce moment même de l'appliquer en grand.

Mais qu'importe que Héron ait, sinon inventé, au moins décrit une telle machine, si elle est restée jusqu'ici sans application utile et comme un simple objet de curiosité? Celui qui, partant de l'idée du tourbillon, parviendrait à composer une machine plus simple, plus durable, plus économique que les machines actuelles, celui-là aurait droit de se dire inventeur. Combiner des éléments connus, mais hors d'usage, pour en former un tout d'une importante utilité, ce n'est pas être plagiaire, mais inventeur; dans les procédés difficiles de la plupart des arts, perfectionner, c'est créer.

Il me semblerait donc que le mérite, ou si l'on veut, la gloire d'une invention utile, devrait principalement revenir à celui qui le premier en a fait aux yeux de tous une application réelle. Quand un homme se présente avec le résultat matériel de ses travaux et de ses recherches, et qu'un autre, un livre à la main, vient lui dire : « J'avais songé à cela avant vous, » il me semble voir ces deux aspirants de l'antiquité en concours pour un emploi important. Le premier, orateur disert, fait une harangue élégante sur les devoirs de la place qu'il s'agit d'obtenir ; le second, quand vient son tour, se borne à répondre : « Ce qu'il a dit, je le ferai. »

C'est sous ce point de vue que j'aimerais à envisager les droits des inventeurs, surtout en matière d'industrie ; ainsi nul doute que Papin n'ait jeté les premières bases de la machine à vapeur à condensation, lorsqu'en 1690 il imagina de soulever un piston dans un cylindre par la vapeur de l'eau chaude, et de faire ensuite le vide sous le piston en condensant cette vapeur par le refroidissement.

En 1705, Neucomen et Savery introduisirent dans l'appareil un léger perfectionnement, en favorisant la condensation de la vapeur par une injection d'eau froide dans le cylindre. Mais en 1800, MM. Trevilheck, Vivian et Olivier Evans supprimèrent la condensation, et inventèrent la machine à haute pression, ramenant ainsi l'appareil à un degré notable de simplicité et d'économie. Enfin rien ne prouve que la machine à vapeur, génériquement parlant, ne puisse encore subir un grand nombre de transformations qui donneront lieu à autant d'inventions nouvelles, car il y a aussi loin, plus loin peut-être, comme combinaison mécanique, de l'appareil proposé par Papin à la machine à double détente de vapeur de M. Wolf, que de l'éolipile tournante de Héron à l'appareil de Papin.

Ces réflexions ne sauraient paraître oiseuses, si l'on considère le but que je me propose, si l'on ne perd pas de vue que M. Arago, après avoir dit, page 292 « qu'en 1781 M. le marquis de Jouf« froy, *passant de l'expérience à l'exécution*, établit réel« lement, etc. » ajoute page 308: « Papin doit être considéré « comme le véritable inventeur des bateaux à vapeur. »

En quoi consiste, en effet, le mérite de cette invention?

Serait-ce dans la découverte de la puissance motrice? Cette puissance était connue des anciens, comme on l'a vu plus haut.

Serait-ce dans le mode de composition du moteur, c'est-à-dire dans la construction de l'appareil qui fournit à la puissance motrice le moyen de se développer? Il est vrai que Papin est l'inventeur de la pompe à feu, ou machine à piston. Mais supposons pour un moment que le premier qui fit mouvoir un bateau par la puissance de la vapeur eût employé, soit la machine à réaction de Héron d'Alexandrie, soit même la machine rotative de lord Cockrane, ou celle de M. Beals, ou celle d'Avery, soit enfin celle d'Evans où la condensation est supprimée, Papin n'aurait absolument rien fourni à l'inventeur.

Dira-t-on qu'il aurait au moins donné l'idée première d'une application possible de cette force motrice à la marche des bateaux? Il est clair d'abord que, toutes les fois qu'un nouveau moteur sera découvert, il ne faudra nul effort d'imagination pour proposer de l'appliquer à tous les usages où une force motrice quelconque peut être employée. Aujourd'hui encore un ignorant proposera, à tort ou à raison, l'emploi de la vapeur partout où il verra une force employée, une résistance à vaincre. Mais il y a plus ; si l'idée de cette application constituait à elle seule l'invention, il faudrait remonter au moins à 1543, et l'attribuer à Blasco de Garay, qui fit à Barcelonne, aux frais et par les ordres de Charles-Quint, une grande expérience sur un bâtiment de 200 tonneaux, au moyen d'une machine dont la description ne fut point exactement publiée, mais où l'on voyait « *une grande chaudière d'eau bouillante, et des roues qui se mouvaient de chaque côté du bâtiment.* » Que cette expérience ait échoué ou qu'elle ait été abandonnée après un succès, peu importe. On y voit de la manière la plus évidente l'idée de l'application de la puissance de la vapeur à la marche des bateaux; or Garay a précédé Papin de plus d'un siècle et demi.

Serait-ce dans les roues à palettes, employées en guise de rames, qu'il faudrait chercher le titre à l'invention? Ce procédé, que Papin propose *pour l'avoir vu en usage*, exclut aussi de lui-même toute idée de s'en approprier la découverte. Ce procédé était effectivement bien antérieur à lui; d'anciens ouvrages en parlent; on vient de voir que Garay l'avait adopté, et, suivant toute apparence, il se perd dans la nuit des temps.

Dans la mécanique appliquée, les inventions ne sont guère que des combinaisons nouvelles, plus ou moins ingénieuses, de moyens déjà connus. En analysant la machine la plus compliquée, on la réduit toujours à quelques éléments des plus simples, tels que le levier, le plan incliné, etc. L'invention d'un appareil mécanique nouveau consiste donc bien plus dans la découverte des moyens d'exécution que dans la pensée d'une nouvelle application de la force motrice. Tout le monde, par exemple, peut dire, écrire, imprimer : « La dilatation rapide de certain gaz crée une puissance motrice que l'homme peut produire et diriger à volonté au moyen d'appareils de peu de poids ; cette puissance pourrait être employée à la navigation aérienne ; » et pourtant si cette idée venait quelque jour à se réaliser, nul n'aurait le droit de se dire inventeur que celui qui le premier aurait imaginé et exécuté l'appareil qu'on verrait fonctionner dans l'atmosphère.

L'application de la vapeur à la navigation est si importante, elle aura probablement dans l'avenir de la civilisation de si grands résultats, que je remplis un devoir, et comme fils et comme Français, en revendiquant pour mon père le premier et le principal titre à cette découverte ; et quand on verra que cette invention en est encore aujourd'hui au même point où mon père l'avait portée, que depuis lui nulle modification importante, nul progrès réel n'a eu lieu, ni dans la théorie ni dans l'application, et que, malgré les immenses facilités d'exécution que nous offre aujourd'hui l'état des arts industriels, facilités qui manquaient de son temps, on s'est borné jusqu'ici à suivre ses traces, à copier servilement son procédé, on appréciera, j'espère, la valeur et la nécessité de ma réclamation.

Il serait digne de M. Arago d'achever la tâche que l'amour-propre national lui a confiée, en rendant complétement à la mémoire de mon père la justice qui lui est due. La gloire de Papin est incontestable ; il n'est pas besoin, pour l'établir, de lui attribuer plus qu'il ne lui appartient, ni de l'enrichir aux dépens de ceux qui l'ont suivi. Papin conçut et exécuta l'appareil à cylindre et à piston qui a permis d'employer la vapeur comme force motrice ; mon père a conçu et exécuté en grand l'application de cette force motrice à la navigation. La machine de Papin, très imparfaite, n'a pu servir aux nombreux usages que nous connaissons qu'au moyen de modifications et de perfectionnements successifs nombreux, dont quelques-uns constituent, de l'aveu de l'Europe entière, de véritables inventions, telles que celles de Watt ; l'appareil de mon père n'a eu jusqu'ici que des imitateurs. Si la machine construite autrefois par Papin nous était aujourd'hui représentée, on la jetterait dans la ferraille ; si le Pyroscaphe construit par mon père en 1782 existait encore, il suffirait de quelques modifications d'exécution dans la machine à vapeur pour qu'il figurât au rang des meilleurs de ceux qui parcourent aujourd'hui nos rivières. Le mérite de mon père ne consiste donc pas dans la pensée d'appliquer la force de la vapeur à la navigation : mille autres avaient eu cette pensée avant lui et avant Papin ; le mérite consiste à avoir combiné, avec une précision que nul n'a encore démentie et que tous ont adoptée plus ou moins rigoureusement, la disposition, la forme, les proportions de l'appareil et du bateau. Voilà l'état de la question que j'entreprends de traiter en m'appuyant de preuves irrécusables.

La première partie de cet écrit contient un précis historique des travaux de mon père, le résultat de ses expériences, les calculs dont il fit usage, en un mot l'état où il trouva cette partie de l'art et celui où il le laissa. Dans la seconde partie j'exposerai les principales tentatives d'amélioration, toujours infructueuses, qui ont été faites depuis lui, et je décrirai enfin un nouvel appareil qui, si je ne m'abuse, sera le premier perfectionnement positif introduit dans l'application de la vapeur à la navigation.

PRÉCIS HISTORIQUE.

En 1775, mon père, âgé de 24 ans, vint pour la première fois à Paris. A cette époque, la machine à vapeur que les frères Perrier venaient d'installer sur les bords de la Seine était un objet de curiosité et d'intérêt général. Mon père, pour qui l'étude des sciences mécaniques avait été l'unique amusement de sa jeunesse, s'empressa d'obtenir une entrée particulière chez M. Perrier, où il étudia sérieusement la construction de ce qu'on nommait alors la Pompe à feu de Chaillot. Mon père revenait de Provence, où, par suite de discordes de famille, une lettre de cachet l'avait exilé pendant deux ans. Il avait recueilli dans ce loisir forcé les matériaux d'un ouvrage sur les manœuvres des galères à rames; il est donc peu surprenant qu'à la vue du nouveau moteur dont la science venait d'être enrichie il ait conçu l'idée de l'appliquer à la navigation. Cette idée fut exposée par lui dans une petite réunion de savants et d'amis au nombre desquels je trouve, outre M. Perrier, MM. d'Auxiron, le chevalier de Follenay, maréchal-de-camp, M. le marquis Ducrest, frère de madame de Genlis, et, sinon comme membre présent, du moins comme correspondant, M. l'abbé d'Arnal.

L'idée de mon père fut approuvée; mais lorsqu'il fut question des moyens de la réaliser, il se fit une scission dans la petite assemblée dont je viens de parler. Deux projets d'exécution furent proposés, l'un par M. Perrier, l'autre par mon père, et ces deux projets ne s'accordaient ni sur le mode de mécanisme à adopter, ni surtout sur la base du calcul des résistances à vaincre et de la force motrice à employer. M. Perrier supputait ces éléments d'après l'expérience d'un bateau remorqué par des chevaux sur un chemin de hallage; mon père établissait qu'il fallait une puissance au moins trois fois plus grande dès qu'on prenait son point d'appui dans l'eau. Dans ce dissentiment, M. de Jouffroy, jeune et encore sans notabilité dans les arts, dut quitter le champ de bataille; M. Ducrest se rallia au projet de M. Perrier; mais M. d'Auxiron, qui se mourait dans ces entrefaites, écrivait à mon père à ses derniers moments : « Courage, mon ami! vous seul êtes « dans le vrai; » et M. de Follenay, enthousiaste de l'invention, se mettait dès lors à colporter une souscription pour réunir les moyens d'exécuter en grand le projet rival de celui de M. Perrier.

Cependant mon père, retourné dans sa province, s'était immédiatement mis à l'œuvre; ce fut à Beaumes, sur le Doubs, sans autre secours que celui d'un chaudronnier de village, qu'il entreprit son premier bateau à vapeur, dont la description ne peut manquer d'intéresser ceux qui comme vous, Messieurs, sont les juges du génie et les contrôleurs naturels des actes de naissance des découvertes scientifiques.

Ce premier bateau avait quarante pieds de longueur et six pieds de largeur. De chaque côté, vers l'avant, des tiges de huit pieds de longueur, suspendues à un axe supporté par des chevalets, en guise de pendules, portaient à leur extrémité inférieure des châssis armés de volets mobiles, comme nos persiennes, qui plongeaient dans l'eau de dix-huit pouces environ. Ces châssis parcouraient dans le fluide un arc de cercle de huit pieds de rayon, et dont la corde n'avait pas plus de trois pieds de longueur. Un levier muni d'un contre-poids les maintenait à l'extrémité de leur course vers l'avant du bateau, tant que la force motrice n'agissait point sur eux.

Une pompe à feu, ou machine à simple effet, était installée au milieu du bateau ; son cylindre avait onze pouces de diamètre ; le piston communiquait aux tiges des rames par le seul intermédiaire d'une chaîne et d'une poulie de renvoi. Lorsque la vapeur soulevait le cylindre, les contre-poids dont nous avons parlé ramenaient les volets à leur point de départ, et pendant cette course rétrograde les rames se fermaient d'elles-mêmes pour opposer la moindre résistance possible. Aussitôt que, par suite de l'injection d'eau froide, le vide s'opérait dans le cylindre, la pression atmosphérique faisait descendre le piston qui retirait ces rames avec une grande rapidité, et alors les volets se trouvaient ouverts pour offrir toute leur surface et choquer le fluide.

Ce bateau navigua sur le Doubs en juin et juillet 1776. Si nous nous reportons à l'état de l'art à cette époque, on trouvera peut-être qu'il y avait quelque hardiesse à entreprendre un appareil semblable, et qu'il eût été difficile de le combiner d'une manière plus heureuse et mieux adaptée à l'effet de la pompe à feu telle qu'on la connaissait alors. Quoi qu'il en soit, on conviendra que mon père n'avait pris l'idée de cet appareil dans aucun livre ; car les recherches auxquelles on s'est livré depuis ont bien prouvé que l'idée en général d'appliquer la force de la vapeur à la navigation avait passé en tête à plusieurs savants longtemps avant mon père ; mais il est évident, par la description même de leurs projets, que rien, dans ce qu'ils se sont contentés de proposer, n'a pu servir de type à ce que mon père a conçu et réellement exécuté; et si quelque chose peut ajouter au mérite de sa pensée, ce sont les difficultés sans nombre qu'il rencontra dans l'exécution. A cette époque, et au fond d'une province reculée, il était impossible de se procurer des cylindres fondus et alezés. Celui de mon père, ouvrage de chaudronnerie et de grande patience, était en cuivre battu; l'intérieur en était poli au marteau; le dehors était revêtu de bandes de fer longitudinales, rassemblées par des anneaux également en fer; il ressemblait assez à ces canons de bois cerclés de métal dont les annales des premiers temps de l'artillerie ont conservé quelques souvenirs.

Pendant le temps que mon père luttait, à cent lieues de Paris, contre des obstacles de tout genre, M. Perrier exécutait dans ses riches ateliers et sous les yeux de l'Académie, le projet qu'il avait conçu. Son expérience n'eut point de succès, et cela devait être ainsi, puisque les bases de sa théorie étaient fausses. Si à cette époque mon père eût imaginé qu'il fallait, pour être reconnu comme inventeur, avoir fait imprimer avant tout autre ses prétentions et ses projets, il n'eût tenu qu'à lui de faire part au public, non-seulement de sa découverte, mais encore des résultats déjà positifs de ses expériences, bien avant que M. Ducrest décrivît dans son ouvrage de 1777 l'essai de M. Perrier, description qui n'est, au surplus, que le récit d'une tentative complétement avortée.

Ce silence de mon père, qui, prolongé pendant près de trente ans, a laissé subsister à son détriment quelque incertitude sur le véritable auteur d'une découverte que les nations se disputent et qui doit modifier d'une manière importante l'état de leurs communications, ce silence, dis-je, tenait d'ailleurs à une cause que l'on aurait peine à concevoir aujourd'hui, si l'on ne se reportait à une époque où l'état de la société était tout autre; mon père appartenait à cette classe qui, surtout dans sa province, faisait peu de cas des publications et même des livres. A quelques exceptions près, la noblesse des châteaux repoussait toute idée de sciences et principalement d'industrie. Les goûts scientifiques de mon père, l'aptitude rare dont la nature l'avait doué, furent pour lui une source de persécutions domestiques dont sa vie entière s'est ressentie. L'ignorance, qui trop souvent alors tenait le sceptre dans les salons, déversa sur lui jusqu'au ridicule; on le surnomma dans son pays *Jouffroy-la-Pompe;* à la cour même, lorsque le bruit de ses expériences y parvint, on se disait en se rencontrant: « Connaissez-vous ce gentilhomme de Franche-Comté qui embarque des pompes à feu sur les rivières, ce fou qui prétend faire accorder le feu et l'eau? »

Dans cette situation, concevrait-on qu'un fils de famille, dans la dépendance absolue des opinions de sa caste, eût osé entreprendre une lutte de publicité, se mettre en évidence, secouer le joug du préjugé qui l'entourait? Pour s'y soustraire en quelque manière, mon père désira prendre du service dans une arme spéciale, position qui lui eût permis d'utiliser l'instruction qu'il possédait. Aussitôt une clameur universelle réprouva ce projet; c'était déroger, disait-on, que de servir dans l'artillerie. A cette époque c'était un préjugé reçu chez les nobles de race d'abandonner le génie et l'artillerie aux classes bourgeoises; celles-ci ont à coup sûr fait faire de grands progrès à ces deux armes. Cet étrange dédain des contemporains de mon père fut cause qu'un homme spécialement constitué pour les sciences mathématiques, que les Jantet, les Rozier, les Vaucanson, les Montgolfier consultèrent quelquefois avec fruit, qui a doté son siècle d'une découverte importante, et qui eût pu rendre de signalés services à son pays dans une carrière de son choix, est mort aux Invalides, doyen des capitaines de notre infanterie.

On me pardonnera, je l'espère, d'entrer dans des détails qui, tout considéré, ne sauraient paraître oiseux, puisqu'il s'agit de revendiquer une invention pour mon père, et que je dois expliquer comment on en est venu à avoir besoin de la revendiquer. L'auteur de cette invention a passé sa vie entière à chercher les moyens de l'utiliser en grand, il y a consacré et épuisé toute sa fortune. Il n'a laissé à ses enfants d'autre héritage que le souvenir de ses travaux et de son succès; qui pourrait nous blâmer quand nous demandons que justice soit enfin rendue à sa mémoire? Le fruit de son invention est dans le domaine public; nul intérêt actuel ne saurait être froissé par la reconnaissance de ses droits. De quoi s'agit-il? d'un simple fait historique à constater, d'une inscription sur une tombe!

Je reviens aux expériences sur le Doubs. Bien que la puissance de l'appareil fût complétement reconnue, et que la bateau, à chaque impulsion, s'élançât avec force contre un courant rapide, ce mécanisme offrait de graves inconvénients que je dois signaler.

Au départ du bateau, les volets à charnières faisant l'office de rames, après avoir opéré leur percussion dans le sens de l'avant à l'arrière, se refermaient d'eux-mêmes pour retourner de l'arrière à l'avant, où la pression en sens contraire devait les forcer de s'ouvrir de nouveau. Cet effet était produit d'abord; mais aussitôt que le bateau avait acquis un certain degré de vitesse, l'eau, formant un courant rapide, empêchait les volets de se rouvrir. Ce défaut avait lieu surtout, et il est facile de le concevoir, quand on remontait contre le cours de la rivière. En descendant l'inconvénient ne se manifestait qu'au bout de quelque temps. Le remède eût été facile; il eût suffi d'imaginer un moyen de forcer les volets de s'ouvrir à un moment fixé. Mais des procédés d'exécution qui embarrasseraient peu le moindre mécanicien de nos jours passaient alors pour des problèmes insolubles. Mon père abandonna son appareil, quoiqu'à regret, pour y substituer celui des roues à aubes.

Ici une autre difficulté se présentait ; la pompe à feu (puisque je dois continuer encore de désigner par ce nom la machine alors en usage) n'agissait que par intervalles, et le mouvement circulaire des roues devait être continu. Voici comment mon père imagina et exécuta la combinaison de ces deux mouvements différents. C'est ici que se place naturellement la description du grand bateau qu'il alla construire à Lyon en 1780, et qui navigua sur la Saône l'année suivante.

Ce bateau avait 140 pieds de longueur et quatorze de largeur ; son maître couple était aux trois cinquièmes de sa longueur vers l'avant, et c'est en ce point qu'était placé un arbre transversal, tournant sur des roues de frottement placées contre les bords du bateau, et portant à ses extrémités deux roues de 14 pieds de diamètre, dont les aubes avaient 6 pieds de longueur et plongeaient dans l'eau à la profondeur de 2 pieds. Le bateau était chargé de 300 milliers ; quand la machine agissait, les roues faisaient 24 à 25 tours par minute, et la vitesse absolue du bateau était de 9 pieds environ par seconde (un peu plus de 2 lieues à l'heure).

Remarquons bien ces dimensions ; ce sont précisément celles qu'on a toujours suivies, ou plutôt celles auxquelles on est inévitablement revenu dans la construction des meilleurs bateaux à vapeur que nous connaissions. Ainsi les proportions du navire, celle des roues, le rapport de la force motrice avec la résistance des aubes et la vitesse qui en résulte, tout cela est demeuré jusqu'ici tel que mon père l'a établi dans le principe. Rien n'a été perfectionné dans le système, pris généralement ; la pompe à feu seule a subi d'importantes modifications ; elle est devenue, sous le nom de machine à vapeur, plus économique, plus sûre, plus apte à communiquer un mouvement circulaire continu. Mais mon père n'avait pas à s'occuper du perfectionnement de cette machine ; sa tâche était d'appliquer à la navigation celle qui existait de son temps ; et pourtant on va voir que cette application même fut accompagnée d'une amélioration qui depuis a été attribuée à des ingénieurs modernes.

La machine du bateau de Lyon se composait de deux cylindres de bronze accolés l'un à l'autre, ouverts par le haut et placés dans le bateau, selon le sens de l'arrière à l'avant, dans une position inclinée d'environ 30 degrés à l'horizon. A l'extrémité inférieure de ces cylindres, leurs fonds étaient réunis par une boîte de métal renfermant une tuile ou tiroir qui ouvrait et fermait alternativement le passage de la vapeur dans chaque cylindre et celui de l'eau d'injection. Un parallélogramme, composé de deux tringles et de deux traverses, poussait alternativement le tiroir à droite et à gauche, chaque fois qu'un des pistons arrivait au bout de sa course, vers l'embouchure des cylindres. Ces pistons avaient 21 pouces de diamètre et 12 d'épaisseur; leur course était de 5 pieds. Au lieu de les munir de tiges, on avait fixé des chaînes à un anneau placé dans leur centre, et chacune de ces chaînes, après s'être enroulée sur un barillet particulier à encliquetage, placé sur l'arbre des roues, était tirée vers le fond du bateau par un contre-poids.

Ainsi la vapeur arrivant de la chaudière dans la boîte à tiroir se distribuait d'abord, par exemple, au cylindre de gauche: au même moment toute communication de la vapeur au cylindre de droite avait cessé, et le robinet d'injection s'était ouvert de ce côté. Alors le piston de droite redescendait, chargé du poids de l'atmosphère, entraînant sa chaîne qui faisait faire à l'arbre une révolution, pendant que le piston de gauche, recevant la vapeur, remontait vers le haut du cylindre, entraîné par le poids fixé au bout de sa chaîne, que l'encliquetage laissait libre. Arrivé à ce point, le tiroir se déplaçait et le piston de gauche continuait immédiatement l'effort que celui de droite discontinuait à son tour.

Cette machine fut construite dans les ateliers de MM. Frères-Jean; il y a peu d'années, j'eus occasion d'en voir encore quelques débris. Elle était loin d'être parfaite; ce qui regardait l'appareil générateur, c'est-à-dire la chaudière et ses accessoires, avait été surtout très médiocrement exécuté. Mais quand j'ai été dans la suite à portée d'étudier l'histoire des perfectionnements successifs de la machine à vapeur, je me suis étonné qu'on ait pu dans une ville de province, en 1780, au point où l'art se trouvait alors, exécuter la machine que je viens de décrire, la placer dans un bateau et la faire fonctionner avec régularité et succès.

Ce succès fut réel : de Lyon à l'île Barbe, le courant de la Saône fut remonté plusieurs fois en présence de milliers de témoins, et les académiciens de Lyon assistèrent aux expériences et dressèrent procès-verbal de la réussite.

Comment une expérience aussi solennelle, aussi décisive, aussi bien constatée, demeura-t-elle sans fruits, et pour l'inventeur et pour le pays? C'est ici qu'il faut exposer, pour la millième fois peut-être, les obstacles qui s'opposent toujours à la réussite prompte des découvertes les plus utiles.

Le bateau de Lyon n'était, à proprement parler, qu'un essai fait en grand pour rendre évidente à tous les yeux la solution du problème. N'ayant que des ressources insuffisantes, on avait tout construit avec parcimonie et d'une manière provisoire : le bateau était fabriqué avec de minces feuillets de sapin ; la chaudière, au bout d'une demi-heure d'ébullition, s'ouvrait de toutes parts. La valeur de l'invention était reconnue, le succès prouvé; mais l'utilité du procédé ne pouvait s'obtenir qu'en construisant, avec la solidité et les soins convenables, des bateaux propres à faire un service régulier et continu. Ces nouvelles constructions exigeaient des avances considérables, et voici la question d'argent, qui, dans les choses de l'art, de subsidiaire qu'elle devrait être, devient presque toujours la question principale.

Les amis de mon père, ceux qui s'intéressaient à sa découverte, s'agitaient de toutes parts pour parvenir à créer une société puissante, création plus difficile dans ces temps-là qu'aujourd'hui. La première condition du succès était l'obtention d'un privilége pour trente années; mon père s'adressa à M. de Calonne pour l'obtenir.

Ce ministre renvoya la demande à l'Académie des Sciences pour décider s'il y avait lieu d'accorder le privilége, c'est-à-dire s'il y avait réellement invention. A cette demande étaient joints les procès-verbaux des académies de Lyon. L'Académie nomma MM. de Borda et Perrier commissaires.

Remarquons ici que mon père, se présentant comme inventeur, eut pour juge ce même M. Perrier, lequel, selon les livres imprimés, aurait eu une priorité d'invention de quelques années, si son expérience sur la Seine, en 1775, eût suffi pour lui mériter ce titre; mais M. Perrier ne fit aucune réclamation à ce sujet, soit que ses premiers rapports avec mon père le détournassent d'ouvrir la lutte avec lui, soit qu'il jugeât avec raison qu'après ses propres essais infructueux le champ était resté ouvert comme auparavant aux inventeurs.

L'avis des académiciens de Lyon ne parut pas, ce semble, d'un grand poids auprès des commissaires; les conclusions du rapport furent que le ministre devait, avant de délivrer le privilége, exiger que M. de Jouffroy répétât ses expériences en grand sur la Seine, et sous les yeux de l'Académie.

Je ne sais si l'Académie des Sciences a conservé dans ses archives le récit circonstancié de la séance où cette affaire fut rapportée; si j'en juge par la correspondance de l'ami qui sollicitait alors à Paris en l'absence de mon père, jamais discussion plus vive n'eut lieu dans le sanctuaire de la science. Un orage violent s'éleva contre la prétention d'un gentilhomme obscur que peu de savants connaissaient et qui n'était d'aucune académie. Une réclamation de l'abbé Darnal, défendue avec acrimonie, fut néanmoins écartée; les droits de mon père au titre d'inventeur furent réservés, consacrés en quelque sorte, puisqu'on ne revendiqua cette invention en faveur d'aucune personne, morte ou vivante. On adopta les conclusions du rapport, et ce qu'on peut induire, moralement parlant de cette séance mémorable, c'est que l'invention des bateaux à vapeur parut si neuve, si inattendue, si importante, qu'on se refusa à y croire, même sur le témoignage des académiciens de Lyon, et qu'on voulut, avant de donner un avis que le ministre demandait, s'assurer par ses propres yeux de la réalité du prodige.

C'est ici que commence, pour mon père, une période de contrariétés et de découragement qui devait durer jusqu'à la fin de sa vie. Il avait, pendant huit années consécutives, appliqué son intelligence et ses moyens de fortune à la recherche d'une invention utile, et il était parvenu à réaliser cette invention. Dix mille témoins attestaient qu'un bateau de 140 pieds de longueur, chargé du poids de 300 milliers, avait remonté le cours de la Saône sans autre secours que celui de la vapeur dans la saison des hautes eaux, ce qui supposait une vitesse de deux lieues à l'heure pour le moins. A-t-on fait beaucoup mieux depuis cette première application, et jamais découverte importante fut-elle plus clairement et plus authentiquement constatée? On ne tint pourtant nul compte à mon père de ses efforts ni de son succès. Au moment où il sollicitait, ses titres de notoriété à la main, l'obtention d'un privilége, seul moyen d'arriver à la création d'une compagnie financière qui eût donné à sa découverte les développements dont elle était susceptible, on mit à la délivrance de ce privilége une condition impossible à remplir; on suggéra au ministre d'exiger que mon père répétât sur la Seine sa grande expérience, qu'il vînt à ses frais construire à Paris un bateau du port de 300 milliers; comme si ce qui avait réussi à Lyon ne devait être accueilli par la science qu'après s'être reproduit à Paris!

Si à cette époque mon père eût obtenu une faible partie des encouragements qu'on prodiguait alors assez souvent à des inventeurs qui n'ont rien laissé après eux, s'il eût pu voir se former la compagnie qui exigeait un privilége pour se constituer, nul doute que la navigation à vapeur n'eût été mise en activité en France avant la Révolution, et il n'aurait pu s'élever depuis aucune contestation sur l'origine de l'invention, ni même sur son perfectionnement ; car, nous avons vu que nul perfectionnement fondamental n'a été apporté jusqu'ici au système établi par l'inventeur qui, aidé des moyens puissants d'exécution que la mise en activité de sa vaste entreprise lui eût fournis, eût été indispensablement conduit à l'améliorer, et plus que personne en état d'y réussir.

On a vu combien d'obstacles l'inventeur avait eus à surmonter sous le rapport de l'exécution matérielle. Il est bon de remarquer aussi qu'il avait été pareillement dépourvu des secours de la théorie, car cette théorie n'existait pas ; il fallait donc que mon père s'en créât une ; car il ne s'agissait pas d'un de ces problèmes de mécanique appliquée qu'un ingénieur praticien parvient à résoudre sans le secours de la science, ou dont le hasard parfois présente la solution toute faite à l'attention d'un observateur. Le système d'un pyroscaphe se compose d'éléments dont la valeur particulière est très difficile à déterminer, et dont les rapports entre eux doivent être calculés, *à priori*, avec une certaine exactitude. Nul ne saurait imaginer que l'auteur des expériences de Lyon eût pu établir, entre la force motrice, la résistance du bateau et le point d'appui, ces relations, ces proportions qui sont encore aujourd'hui adoptées par ses imitateurs, s'il n'avait, au préalable, mûrement étudié les phénomènes de l'hydrodynamique pour y trouver les bases de ses calculs. Aussi mon père avait-il, dès le principe, et tout en continuant ses travaux, fait une série nombreuse d'expériences sur la résistance qu'éprouvent dans le fluide les corps de différentes formes, mus selon des vitesses différentes; il avait essayé divers genres de points d'appui, et il se proposait d'importantes modifications dans la construction de la pompe à feu, s'il eût pu parvenir à exécuter en grand son entreprise.

Ces derniers perfectionnements, ceux de la pompe à feu, étaient déjà exécutés en Angleterre à l'époque où mon père découragé discontinuait son travail.

Le célèbre Watt avait transporté la condensation dans un vase séparé du cylindre, et il avait transformé la pompe atmosphérique en machine à vapeur à double effet; Wast-Brough lui avait fait produire le mouvement circulaire en y appliquant la manivelle du gagne-petit. Ces trois modifications, dont les deux premières seules appartiennent à Watt, rendirent la machine à vapeur applicable à tant d'usages, que l'industrie anglaise acquit en peu d'années un développement inouï, en mémoire duquel l'Angleterre reconnaissante a élevé à Watt des statues.

L'application en grand de la vapeur à la navigation était une œuvre plus difficile à concevoir et à accomplir que celle de Watt, et ses résultats ne devaient pas être moins importants. Les heureux changements introduits par l'ingénieux Ecossais n'étaient guère que des problèmes d'ateliers, déjà dépassés aujourd'hui par des combinaisons nouvelles, plus simples ou plus économiques, tandis que le système des pyroscaphes, outre les difficultés extraordinaires d'exécution, exigeait des connaissances plus étendues et une théorie scientifique plus élevée. Pour juger du mérite de cette invention et du fruit que la civilisation en a retiré, il suffit de considérer la multitude de navires à vapeur qui sillonnent les mers du globe, et qui ne sont tous que des imitations du bateau construit à Lyon en 1782.

La France pouvait donc, il y a soixante ans, s'enorgueillir seule d'une découverte que trois grandes nations se sont plus tard disputée ; elle pouvait la première en faire une application générale, en recueillir les premiers fruits, et ne laisser aux Américains et aux Anglais que la ressource de l'imiter et de suivre ses traces. Cette occasion fut perdue, parce que les savants de Paris dédaignèrent d'examiner ce que les savants de Lyon avaient déjà reconnu, parce qu'au lieu d'être encouragé et favorisé dans son entreprise, mon père se vit imposer, par le gouvernement d'alors, une condition que l'état de sa fortune ne lui permettait pas d'accomplir. Tout ce qu'il put faire, ce fut d'envoyer à Paris, en 1784, un modèle complet, dans la proportion de six lignes pour pied de son grand bateau. Ce modèle fut adressé à MM. Perrier frères et déposé chez eux. Depuis cette époque, on n'en a jamais eu de nouvelles et on ne sait ce que ce modèle est devenu.

Un peu plus tard on conseilla à mon père de porter son invention en Angleterre ; mais il ne put s'y résoudre, car il conservait toujours l'intention et l'espoir d'en faire profiter son pays[1]. Aujourd'hui que bien des préjugés politiques sont heureusement affaiblis, on comprendra peut-être comment ce genre de patriotisme put s'allier avec le parti de l'émigration, que mon père suivit des premiers, à une époque où les adversaires de la Révolution croyaient remplir un devoir en quittant le sol de la France. Cet exil dura dix ans. A son retour, et sous le Consulat, mon père, qui se considérait toujours comme l'inventeur de la navigation à vapeur, et qui rêvait sans cesse aux moyens d'utiliser sa découverte, apprit avec surprise que deux tentatives

(1) A cette occasion, mon père fut présenté à M. le duc d'Orléans, père du roi actuel, qui s'occupait en ce moment des travaux du Palais-Royal, et qui offrit à mon père, à la suite d'un long entretien, des lettres de recommandation pour Londres.

se faisaient à la fois, en France, pour établir la navigation à vapeur.

La première, qui fut annoncée dans les feuilles publiques, eut lieu à Paris, où l'ingénieur américain Fulton, venu en France dans le dessein d'y proposer son système de petits canaux de navigation intérieure, entreprit tout à coup de construire un petit bateau à vapeur, sur la Seine, sous les yeux et dans les ateliers de MM. Perrier. Par une coïncidence singulière et dont je m'abstiendrai de tirer des inductions, ce premier bateau d'essai de Fulton, qui manœuvra près de l'île aux Cygnes, ressemblait merveilleusement dans sa forme et dans les proportions de son appareil au modèle envoyé à Paris par mon père quinze ans auparavant; c'était, aux dimensions près, une reproduction assez fidèle du grand bateau de 1782.

Dans le même temps, un mécanicien de Trévoux, M. Desblancs, venait de construire un bateau à vapeur sur la Saône, et l'annonce des expériences de Fulton le détermina à réclamer la priorité de l'idée et même celle de l'exécution, attendu qu'il travaillait depuis plusieurs années à réaliser cette découverte.

La réponse de Fulton ne se fit pas attendre; il rassurait M. Desblancs sur le danger d'avoir en France un concurrent. « Je ne crois pas, disait Fulton, qu'il y ait avantage à appli- « quer un moyen aussi dispendieux à la navigation intérieure « de la France, mon but a été seulement de m'assurer que le « procédé était exécutable, et mon projet est de l'utiliser en « Amérique, où nous avons des fleuves immenses, sans chemin « de hallage, et des combustibles en abondance sur leurs bords. « Au surplus, ajoutait l'ingénieur américain, M. Desblancs ne « me paraît nullement fondé dans sa réclamation; si l'applica- « tion de la vapeur à la navigation n'était pas tombée, comme « je le crois, dans le domaine public, il ne pourrait pas plus que « moi, s'en dire inventeur; ce titre appartiendrait, sans nul

« doute, à l'auteur des expériences de Lyon, faites il y a près de « vingt ans. »

Cette lettre excita vivement l'attention de mon père ; il écrivit à Paris, il se rendit à Trévoux, où je l'accompagnai ; là, nous trouvâmes un homme qui avait assisté aux expériences de Lyon, qui avait même travaillé à l'appareil construit dans les ateliers de MM. Frères-Jean ; il avait induit du silence gardé pendant tant d'années, que l'inventeur était mort ou qu'il avait entièrement abandonné l'idée d'exécuter sa découverte ; il l'avait donc reprise pour son propre compte. Mais, par malheur, M. Desblancs avait cru pouvoir l'améliorer en la modifiant : en place de roues, il avait établi sur les flancs du bateau de longues chaînes portant des aubes en guise de chapelets. A la vue de cet appareil, mon père lui prédit que le bateau ne marcherait pas, et lui en expliqua la raison. Cette entreprise de M. Desblancs n'eut pas d'autre suite, et il n'en est demeuré qu'un modèle qui se trouve aujourd'hui exposé à Paris dans la salle du Conservatoire des Arts et Métiers.

Quant à Fulton, il exporta effectivement en Amérique le procédé qu'il avait appris pendant son séjour à Paris ; les premiers bateaux à vapeur qui ont navigué avec succès furent construits par lui ; c'est pourquoi sans doute on lui en a attribué depuis l'invention, bien que lui-même n'ait jamais prétendu être le premier auteur de cette découverte.

Cependant mon père, émigré rentré et ruiné, isolé dans un village de Franche-Comté et soumis à la haute surveillance de la police impériale, apprenait de temps à autre les succès de ses imitateurs dans l'autre hémisphère, et ne possédait nul moyen de réclamer ; car, dans son esprit, toute réclamation non appuyée d'une nouvelle et grande démonstration pratique eût paru, après un si long temps, oiseuse et surannée ; il voulait reparaître dans la lice avec un bateau à vapeur plus parfait, s'il était possible, que ceux de ses imitateurs. Il ne put jamais réunir les moyens de le construire.

A la Restauration, la liberté des mers permit aux bateaux à vapeur d'aborder en France, leur pays d'origine; ils y vinrent à titre d'importation, et envahirent, comme des enfants ingrats, le toit paternel en reniant leur nom et se couvrant de bannières étrangères.

Ce fut alors que l'inventeur des bateaux à vapeur obtint de l'éveil donné à la cupidité commerciale ce que la science et l'opinion lui avaient jusqu'alors refusé. Une compagnie se forma pour exploiter, à titre d'invention française, ce que d'autres Français persistaient à présenter comme le fruit de l'industrie des Américains et des Anglais. On prit un brevet, on se mit à l'œuvre; une lutte s'établit entre les concurrents, ruineuse pour tous, de nouveaux spéculateurs en profitèrent. Et il serait inutile de raconter ce débat[1]; car, dans mon opinion, dès cette époque, l'invention principale était évidemment tombée dans le domaine public, et la voie des perfectionnements était ouverte à tout le monde.

C'est ainsi que mon père est resté toute sa vie privé des fruits de son invention, dont chacun a profité, et qu'il n'a laissé en mourant que le souvenir de ses travaux et son titre à la priorité de la découverte.

Si ce que j'ai exposé jusqu'ici n'était pas suffisant pour justifier son droit d'inventeur, je pourrais compléter la démonstration par un raisonnement fort simple.

En 1784, M. de Calonne délivra à mon père la promesse d'un privilége exclusif de quinze années, à titre d'inventeur, pour l'application de la vapeur à la navigation, sous la seule condi-

(1) Voir les pièces justificatives à la fin du volume.

tion de répéter à Paris la grande expérience faite à Lyon l'année précédente.

Cette promesse n'implique aucun délai, ne fixe aucune déchéance. Dès ce moment, M. de Jouffroy est traité en inventeur; seulement avant de lui conférer un privilége exploitable, on veut qu'il montre à Paris ce qu'il a fait voir à Lyon.

Le privilége était donc à l'entière disposition de mon père; pour se le faire délivrer il ne lui manquait que de l'argent, question financière qui n'a rien de commun avec la question d'art et de priorité industrielle.

A moins donc qu'on ne découvre, soit en France, soit ailleurs, des titres antérieurs à 1783, qui puissent équivaloir au procès-verbal des expériences de Lyon et à la promesse de privilége du ministre[1], l'invention des bateaux à vapeur doit être attribuée au marquis de Jouffroy, d'autant plus que cette invention, telle qu'elle est pratiquée aujourd'hui, est sortie pour ainsi dire complète de ses mains; les perfectionnements introduits plus tard dans l'appareil, n'étant guère que des améliorations de détail dans la construction de la machine à vapeur.

De nombreuses tentatives ont été faites pour perfectionner son système, et toujours on en est revenu aux dispositions et aux proportions établies par lui. Est-ce à dire qu'il avait atteint, du premier coup, la limite de la perfection? Il était loin de le croire lui-même, et c'est en continuant sa pensée et en profitant des préceptes que j'ai reçus de lui que j'ai entrepris de faire faire un pas de plus à cette partie de l'art créée par lui, et abandonnée depuis à la routine.

(1) Pièces justificatives, nos 1 et 3.

ESSAIS

SUR

LA THÉORIE DU MOUVEMENT

DES

BATEAUX A VAPEUR.

Un bateau à vapeur, ou pyroscaphe, est un vaisseau qui se meut à la surface de l'eau par l'effet d'une force motrice qu'il transporte avec lui, et qui prend son point d'appui dans le fluide même.

Cette simple définition prouve que dans le calcul du mouvement des pyroscaphes il y a trois choses principales à considérer :

1° La résistance que le navire éprouve et doit vaincre pour s'avancer dans le fluide. Cette résistance n'est que l'expression exacte de la quantité de mouvement imprimé au fluide par le navire dans sa marche, et cette quantité, étant toujours en raison composée de la masse et de la vitesse des corps, je l'appellerai MV;

2° La résistance ou la quantité de mouvement imprimé au fluide par le point d'appui : je la désignerai par mv' ;

3° La puissance, ou force motrice F, qui agit entre ces deux résistances, et qui, dans le mouvement uniforme, équivaut exactement à leurs sommes réunies.

On a donc, dans le mouvement des bateaux à vapeur,

$$F = MV + mv'.$$

On a aussi

$$MV = F - mv'.$$

On a enfin.

$$mv' = F - MV.$$

Or il est évident que l'effet utile, ou MV, sera d'autant plus grand que mv' sera plus petit ; car si on réduisait mv' jusqu'au point de le faire disparaître, il resterait

$$MV = F - o,$$

c'est-à-dire que toute la puissance motrice serait employée à faire avancer le bâtiment.

Ce cas aurait lieu si la force motrice F s'appuyait sur un point fixe[1] ; mais comme il s'agit ici d'un point d'appui pris dans le

(1) Supposons d'abord une force motrice agissant d'un point fixe, dont l'impulsion, dans un temps donné, fasse parcourir à un corps flottant, ou navire, une certaine vitesse ; par exemple, 4 mètres dans une seconde.

Supposons maintenant qu'au lieu de s'appuyer sur un corps mobile, la puissance motrice ait pour point d'appui un navire tout semblable au premier, placé bout à bout dans le fluide, et se mouvant dans la direction opposée.

L'impulsion étant donnée, chacun des deux navires parcourra la moitié de la distance fixée pour le premier cas, c'est-à-dire, deux mètres.

Et si après chaque impulsion le navire qui sert de point d'appui était rapporté sans frais au bout du premier, celui-ci naviguerait régulièrement avec une vitesse de 2 mètres par seconde.

On voit déjà que, dans les circonstances les plus favorables, et abstraction faite de tout mécanisme et de toute dépense de force pour rapporter suc-

fluide, on ne saurait concevoir l'annihilation de mv' que dans deux cas supposés : le premier, si la surface du point d'appui était infinie, car alors nulle molécule d'eau ne pourrait faire place à une autre et le mouvement n'aurait pas lieu ; le second, si la force motrice accumulée agissait tout entière dans un instant d'une brièveté infinie ; car le mouvement, pour se produire, exige aussi bien le temps que l'espace, et une percussion sans durée ne troublerait pas le repos.

Ces deux suppositions, purement théoriques, n'ont pour objet que d'indiquer les meilleures conditions à procurer au point d'appui dans l'appareil des vaisseaux nageurs; on voit que, pour reporter à MV ou à la marche du bâtiment le *maximun* de la force motrice, il s'agit de réduire à un *minimum* la quantité de mouvement imprimé au fluide par le point d'appui, soit en agissant

cessivement le point d'appui, il faut, pour obtenir la même vitesse en ramant, une puissance double que dans le cas du hallage.

Maintenant admettons que le corps flottant qui sert de point d'appui soit diminué à tel point, exemple, que sa résistance mv', qui résulte de sa surface, déduction faite d'une portion équivalente à l'accroissement de vitesse, soit précisément moitié de MV, résistance du Navire.

A chaque impulsion, la force motrice se divisera toujours en deux parties égales, le Navire, comme précédemment, s'avancera de 2 mètres, mais le point d'appui en parcourra 4, puisque nous l'avons réduit dans de telles proportions que sa vitesse soit doublée.

Eh bien! renversons les termes de la proposition; faisons de mv' le navire et de MV le point d'appui. Sans rien changer aux conditions du mouvement, sans que la puissance motrice soit accrue, on naviguera avec une vitesse double que dans le premier cas; on fera 4 mètres par seconde.

On voit donc déjà qu'une première condition de vitesse, ou d'économie, c'est que le point d'appui ait la plus grande surface possible, et qu'il se meuve plus lentement que le navire. C'est ce qui faisait dire à mon père, au sujet des inconvénients des aubes, qu'il faudrait, pour que la puissance fût toute employée utilement, que la surface de l'aube embrassât toute l'eau et que le rayon de la roue se prolongeât jusqu'au ciel. En effet, puisque la seule condition où toute la puissance agit pour la marche du navire est celle où son point d'appui est fixe et inébranlable, le seul moyen de se rapprocher de cette condition est d'augmenter la surface et conséquemment la lenteur du point d'appui. Si l'on supposait à l'aube une surface infinie, elle deviendrait un point fixe.

sur de grandes surfaces, soit en répartissant l'action de la force continue en une série de chocs rapides et pour ainsi dire instantanés.

Mais quelque parfait que puisse être l'appareil employé à cet effet, il imprimera toujours une quantité quelconque de mouvement au fluide, et c'est ici que se présente un quatrième élément de calcul indispensable à notre théorie.

Dès que le point d'appui est mobile, toute molécule d'eau repoussée par lui dans une direction non parallèle à celle du bâtiment donne lieu à une déperdition équivalente de la puissance motrice; la quantité de mouvement imprimé au fluide par le vaisseau lui-même est toujours parfaitement égale à la quantité de mouvement imprimé par l'appareil en sens directement opposé. Tout choc oblique consomme inutilement, quant à la marche du navire, une portion de force vive proportionnelle au degré d'obliquité. La plus simple démonstration géométrique fournit les moyens de calculer cette perte, que les praticiens semblent trop souvent perdre de vue.

Supposons un bâtiment dont l'appareil nageur soit composé de deux surfaces immergées de chaque bord, agissant horizontalement de l'avant à l'arrière par l'effet de la force motrice, et repoussant le fluide dans un sens parallèle à la ligne de direction du vaisseau; celui-ci s'avancera en imprimant à l'eau une quantité de mouvement égale à celle imprimée en sens contraire par les deux points d'appui; on aura $MV = mv'$, et chacun de ces deux termes $= \frac{F}{2}$.

Dirigeons maintenant les deux appareils toujours horizontalement dans le sens perpendiculaire à la quille du vaisseau. Toutes choses demeurant égales, la force motrice s'épuisera tout entière à repousser l'eau à droite et à gauche, les deux moitiés de l'appareil se feront équilibre l'un à l'autre, et le bâtiment restera stationnaire. Or, entre la parallèle et la perpendiculaire il existe un arc d'un quart de cercle dont les degrés indiquent exactement la quantité de force motrice dépensée sans utilité pour la marche du bâtiment ; cette perte, par exemple, serait de moitié si l'obliquité répondait à 45 degrés de l'arc[1].

(1) Cette proposition, évidente si jamais il en fût, prouve que toute parcelle de fluide repoussée dans une direction autre que celle du navire, donne lieu à une déperdition de puissance motrice exprimée par la somme de mouvement communiqué hors de cette direction ; et cette perte est subie, soit que l'obliquité du choc ait lieu dans le plan vertical ou dans le plan horizontal, puisqu'il s'agit d'un fluide qui agit en tous sens.

Ainsi dans les roues à aubes, dont on fait généralement usage, pas une goutte d'eau soulevée par l'aube qui émerge, sans une perte correspondante de force motrice ; mais l'aube qui plonge presse aussi le fluide obliquement par rapport à la quille, et occasionne une autre perte.

Il y a plus ; si l'on donnait à l'aube une grande longueur dans le sens du rayon, et qu'on ne lui imprimât qu'un certain degré de vitesse, l'obliquité de son choc entraînerait un inconvénient bien plus grave. Il pourrait arriver, et il est facile de s'en rendre compte, que l'extrémité intérieure de l'aube choquerait l'eau dans le sens contraire à la pression du bord extérieur, et ceci aurait lieu par suite des différentes vitesses des points de la surface, vitesses correspondantes à leurs degrés d'éloignement du centre de mouvement ou de l'axe de la roue. C'est pour parer à cet inconvénient de l'obliquité des aubes, que l'on a été forcé jusqu'ici de donner à leur centre d'impression une vitesse beaucoup plus grande que celle du navire, ce qui, nous l'avons vu, est au détriment de sa marche. On ne saurait diminuer cette vitesse des aubes qu'en diminuant leur obliquité, et on ne peut le faire qu'en augmentant le diamètre des roues ; mais pour arriver seulement à ce point où la vitesse du navire et celle du point d'appui seraient égales, cas auquel la moitié de la force motrice serait utilement employée, il faudrait donner aux roues des dimensions que nul navire ne pourrait supporter. Il est donc clair que, dans l'application des roues à aubes, quelque perfection d'exécution qu'on y apporte, il n'y aura toujours que la moindre partie de la puissance motrice représentée par la somme de mouvement imprimée au bateau lui-même.

On a cru pourtant améliorer les roues à aubes en ajoutant, à leur obliquité dans le sens vertical, un autre obliquité dans le sens horizontal ; il existe sous nos yeux, des bateaux établis sur ce principe, dont les constructeurs s'applaudissent comme d'un perfectionnement. Je ne nierai pas, que, sous quelques rapports de peu d'importance, on n'ait pu trouver quelque avantage à incliner légèrement les aubes pour éloigner du corps du bâtiment le remou qu'elles produisent, c'est-à-dire qu'on aura obvié à un défaut essentiel par un défaut moins grand. D'ailleurs les inconvénients de l'obliquité

Nous avons donc déjà, pour la formule de la marche du bâtiment, $MV = F - mv - p$, p représentant l'obliquité du point d'appui.

Un autre élément de calcul du mouvement des bateaux à vapeur le moins bien reconnu jusqu'ici, le point sur lequel il me semble que la théorie adoptée est entièrement fautive, c'est le phénomène qui se passe dans le fluide dans une motion continue, entre le corps qui se meut et son point d'appui. Tous les ingénieurs jusqu'ici ont paru croire que le mouvement le plus régulier, le plus continu, le plus doux, s'il m'est permis de m'exprimer ainsi, était la condition la plus favorable au point d'appui. De là on a proposé l'hélice, ou vis d'Archimède, la pompe foulante

dans les roues ordinaires sont tellement considérables qu'il serait difficile d'apprécier la légère augmentation qu'on y a introduite, et qui se trouve compensée par un sillage plus doux et par une diminution de frottement sur les parois du bateau. Quoi qu'il en soit, la loi générale des chocs obliques ne saurait être méconnue ni contredite par quelques résultats particuliers qui peuvent provenir de plusieurs autres circonstances, et qui, au surplus, je le répète, sont de peu de valeur.

D'autres ont imaginé qu'ils supprimeraient les inconvénients de l'obliquité des aubes en les rendant mobiles sur un axe, et en les guidant par une tige, de manière à les maintenir verticales pendant leur évolution dans l'eau. Si l'on analyse avec précision l'effet produit par cette combinaison ingénieuse, on trouvera que la somme de mouvement imprimé au fluide par ces aubes mobiles, dans la direction de la marche du navire, ne surpasse pas celle imprimée par des aubes fixées dans la direction du rayon; seulement, la vitesse du point d'appui se trouve accrue, en sorte que pour épuiser la même quantité de force motrice à vitesse égale, il faut augmenter la surface de ces aubes mobiles. Le seul avantage qu'elles présentent, c'est de diminuer un peu le clapotage.

En résumé, les aubes des roues sont des rames verticales qui ont, sous le rapport de l'obliquité du choc, les inconvénients des rames ordinaires, mais à un degré bien plus élevé. Car cette obliquité dépend de la proportion existante entre la longueur du rayon et la corde de l'arc que l'extrémité de ce rayon parcourt dans le fluide; or, la longueur des rames ordinaires est égale à deux fois la largeur du bâtiment, tandis que le rayon des plus grandes roues dont on puisse faire usage à bord des bâtiments n'est égal qu'à la moitié de leur largeur. L'obliquité des aubes est donc généralement à celle des rames ordinaires comme 2 est à 1.

à jet continu, les roues à ailes inclinées, et tant d'autres moyens analogues.

L'expérience pourtant a indiqué que même les roues à aubes consommaient inutilement une plus grande quantité de force motrice lorsque leurs aubes étaient trop multipliées ; il a fallu les limiter à un nombre tel que, lorsque l'une de ces aubes agit en plein, les deux voisines touchent seulement la surface de l'eau, la première en entrant, l'autre en sortant ; de sorte que chaque aube à son tour ait le temps de produire une percussion séparée. Cette simple observation devait déjà inspirer quelques doutes aux partisans de la pression continue.

En effet, plus on multipliera le nombre des aubes, plus on rapprochera l'intervalle des percussions dans un temps donné ; si on supposait ce nombre porté à l'infini, on obtiendrait une pression parfaitement continue ; mais alors l'effet du choc serait nul, le fluide ne résisterait plus, et le bâtiment cesserait de marcher.

Ce n'est pas ainsi que se gouvernent les corps que la nature a destinés à se mouvoir dans les fluides. Pour chercher les vraies bases de la théorie, il convient encore ici d'étudier celles des œuvres de Dieu, que la science de l'homme se propose d'imiter, quoique d'infiniment loin.

Ni les poissons dans l'eau, ni les oiseaux dans l'air ne se meuvent par un effort continu ; la force qu'ils emploient pour repousser le fluide n'agit que par intervalles de temps plus ou moins rapprochés. Chez les animaux les plus puissants ces percussions distinctes sont quelquefois séparées par de grands espaces. L'aigle étend ses vastes ailes, frappe l'air dans la direction opposée au but vers lequel il se dirige, et s'élève à une certaine hauteur par le seul effet de ce choc instantané ; pendant la durée de cette portion de sa course ses ailes demeurent comme inutiles à son mouvement, soit qu'il les laisse immobiles, soit qu'il les ramène en sens contraire pour recommencer un nouveau choc. Le poisson, le palmipède offrent la même particularité; toujours chaque évolution complète de l'animal qui se meut dans un fluide peut se diviser en deux temps fort inégaux, dont l'un très court, et celui durant lequel le *maximum* de force est employé pendant que l'appareil se trouve dans la disposition la plus favorable à la marche; l'autre durée de l'évolution, qui n'exige qu'une dépense de force médiocre, se passe à ployer l'appareil, à le ramener, à le déployer de nouveau pour recommencer une évolution nouvelle.

L'action des rames représente assez bien ce genre de mouvement; les rameurs exercés appuient sur la rame pour en soulever l'extrémité hors de l'eau, puis la poussent en avant pour aller chercher le point d'appui derrière eux, puis il la soulèvent pour la plonger, puis enfin ils retombent sur leurs bancs en la retirant à eux. De ces quatre temps de leur évolution le dernier est le plus court; c'est celui où les rameurs appliquent toute leur force, et c'est le seul qui soit utile à la marche du bateau.

Il est à remarquer que, toutes proportions gardées de grandeur et de puissance, le simple appareil des rames surpasse par son effet tous les moyens qu'on a essayés jusqu'ici pour le suppléer. En 1812 nous fîmes à ce sujet, mon père et moi, des expériences décisives sur un canot de médiocre grandeur, chargé d'un certain poids, et auquel deux rameurs imprimaient une certaine vitesse; nous plaçâmes deux roues à aubes, construites avec le plus grand soin, dont l'axe tournait sur des galets, étaient munies de volant et de manivelles coudées selon différents plans, afin que les hommes pussent y appliquer leur force d'une manière continue et le plus commodément possible. Nous variâmes successivement le nombre, la grandeur et l'inclinaison des aubes; nous transportâmes l'appareil en divers points de la longueur du bateau; jamais nous ne pûmes obtenir du travail forcé de trois hommes la même vitesse que deux seuls rameurs suffisaient à lui imprimer.

Il y a certes une déperdition de force motrice dans l'évolution des rames, puisque, sur les quatre temps ou mouvements différents dont cette évolution se compose, il en est trois d'inutiles à la marche du bateau ; mais la déperdition est encore bien plus grande dans les roues à aubes, quoiqu'il n'y ait ni retour ni pour ainsi dire de temps perdu dans leur action. D'où vient cette infériorité ? Dans des chaloupes de même grandeur l'obliquité du choc des aubes est à la vérité plus grande que celle des rames, à cause de la différence de longueur des rayons; mais ce désavantage paraît être, jusqu'à certain point, compensé par la différence des surfaces choquantes, beaucoup plus grandes dans les aubes que dans les rames. On ne peut donc attribuer cette infériorité reconnue qu'à la nature même du mouvement, alternatif dans les rames, et continu ou presque continu dans les roues à aubes.

C'est ici que la science peut seule venir au secours de l'art. Le mode d'action d'un corps qui se meut dans le fluide, par l'effet d'une réaction qu'il imprime à ce fluide même, est un problème de haute portée dont l'analyse devrait sérieusement s'occuper ; tant qu'il ne sera pas éclairé et résolu on ne procédera que par tâtonnements dans les applications les plus importantes de l'hydrodynamique : je n'en veux d'autre preuve que les essais infructueux de tant d'ingénieux artistes, et les machines proposées ou approuvées par des savants même, dont l'effet n'a pas répondu à leur attente et a démenti leurs calculs.

Pour en finir avec l'idée, si généralement admise, qu'une pression ou mouvement continu serait à désirer dans l'appareil nageur des pyroscaphes, je me bornerai au raisonnement suivant. Il est évident que la quantité de mouvement imprimé au fluide par le navire qui marche correspond à une quantité égale de mouvement imprimé au fluide, en sens contraire, par le point d'appui; mais aussitôt que ce mouvement continu est imprimé, la condition du point d'appui se trouve changée ; le fluide, qui d'abord était immobile relativement au navire, fuit maintenant derrière lui avec une certaine vitesse; l'appareil ne peut plus agir sur lui qu'en augmentant lui-même sa propre vitesse et en communiquant au fluide un degré de plus ; de degré en degré cette vitesse deviendrait infinie, et l'appareil travaillerait pour ainsi dire à vide.

Veut-on conserver au point d'appui sa condition première ; que l'appareil n'agisse que dans une portion de fluide qui soit en repos par rapport à lui, c'est-à-dire à laquelle il n'ait pas encore communiqué son propre mouvement, soit directement, soit indirectement, par l'effet du remplacement naturel de l'eau qu'il a déplacée.

Ainsi les rames, qui vont chercher le point d'appui au large et à des intervalles considérables, sont dans une condition bien meilleure que les aubes, qui plongent dans le courant même produit par le sillage du bâtiment, et qui se succèdent à des intervalles trop rapprochés pour laisser à l'eau le temps de se replacer convenablement.

Voilà donc une nouvelle cause de déperdition de la force motrice, eu égard à la marche du bateau, déperdition qui sera d'autant plus considérable que l'action de l'appareil sur le fluide se rapprochera davantage d'une pression continue ; cet élément variable étant désigné par y, on aura pour le mouvement du bateau, $MV = F - mv' - p - y$.

S'il fallait maintenant déterminer la valeur de chacun de ces termes, nous en serions réduits, au point où en est la science, à une foule de suppositions que l'expérience dément trop souvent ; nous serions forcés d'ailleurs de tenir compte d'un grand nombre d'éléments inappréciés jusqu'ici, sans qu'il résultât des formules ainsi composées des lumières nouvelles pour le perfectionnement de l'art. On a écrit des volumes d'algèbre pour essayer de déterminer les relations qui existent entre la grandeur du piston et la vitesse du navire, sans qu'il en soit résulté, que je sache, de règles admises généralement par les praticiens; quelques-uns même ont pu puiser dans ces calculs des notions rétrogrades.

Heureusement le problème du perfectionnement des bateaux à vapeur n'exige pas, pour être résolu, tant de connaissances qui nous manquent encore; ce problème se borne, ainsi qu'on va le voir, à trouver et à établir les rapports les plus avantageux entre les termes que j'ai indiqués, sans s'occuper de déterminer la meilleure condition de chacun d'eux.

MV, par exemple, qui représente la résistance du navire, est en raison composée de sa grandeur et de sa vitesse; la nature de la surface exposée au frottement de l'eau, et surtout la forme du bâtiment, peuvent modifier beaucoup cette résistance. Perfectionner cette forme, c'est améliorer, en général, l'art des constructions navales. Les navires à vapeur profiteraient sans doute de ce progrès; mais ce n'est pas la question spéciale qui les concerne.

F est un moteur généralement en usage, que l'art des bateaux à vapeur s'est appliqué, ainsi que l'ont fait tant d'autres industries; ce moteur s'est perfectionné, et il se perfectionnera sans doute encore; peut-être même sera-t-il remplacé par quelque autre; mais cette étude est en dehors aussi du problème qui nous occupe.

Le perfectionnement de la navigation à vapeur aura lieu si, de deux navires bien construits, exactement semblables, armés de moteurs d'égale force et d'égale qualité, et munis du meilleur appareil nageur connu jusqu'à ce jour, on substituait à l'un d'eux un appareil nouveau qui lui donnerait sur l'autre une supériorité marquée de vitesse, d'économie, de stabilité, de sûreté, de durée, etc. Et comme il ne s'agit de modifier dans ce cas ni le navire ni le moteur, on voit que le problème de perfectionnement ne consiste, à proprement parler, que dans l'appareil nageur ou point d'appui, ce qui réduit la question à un problème de mécanisme.

Le bâtiment et le moteur, ou MV et F étant donnés, tout consiste donc à faire *mv'* le plus petit possible, afin de conserver la plus grande somme de mouvement à MV, qui est la marche du navire; en un mot, il ne s'agit que de découvrir l'appareil nageur qui, toutes choses égales d'ailleurs, exige dans le mouvement du vaisseau la moindre consommation de force motrice.

Ce problème, plusieurs l'ont cherché, quelques-uns le poursuivent encore. Les inconvénients des roues à aubes, la déperdition considérable de force motrice qu'entraîne cet appareil, ont fixé l'attention de la plupart des ingénieurs ; mais, chose étrange, les causes principales de cette déperdition, l'obliquité des surfaces, la vitesse excessive et la pression continue, se retrouvent, à un degré plus haut encore, dans tous les appareils qu'on s'est proposés jusqu'ici de substituer aux aubes. Aussi toutes ces inventions, à l'expérience, se sont-elles trouvées plus imparfaites que celle qu'il s'agissait de remplacer ; ce qui montre que leurs auteurs, guidés dans cette recherche par une sorte d'instinct, ont fait fausse route et n'ont point suivi de véritable théorie.

Cette théorie, en effet, est toute à faire ; elle n'existe point.

La science de l'hydrodynamique n'a pas fait grand progrès depuis longues années ; les lois du mouvement des corps dans les fluides sont aujourd' hui comme autrefois des règles sujettes à plusieurs exceptions imparfaitement reconnues.

On suppose, par exemple, que le corps qui se meut dans l'eau avec une vitesse quelconque se trouve dans la même condition, quant à la résistance qu'il éprouve, que celui qui, demeurant fixe, serait choqué par l'eau avec une vitesse semblable. Le raisonnement démontre l'identité dans les deux cas ; l'expérience ne paraît pas en confirmer l'exactitude.

La loi qui rend cette résistance proportionnelle au carré des vitesses est fondée sur une observation qui paraît de la dernière évidence; car un corps qui parcourt dans le même temps une étendue double imprime une somme double de mouvement à une quantité double de molécules. Eh bien ! ici encore l'expérience nous oblige à n'admettre cette base de calculs que d'une manière très approximative.

J'en dirai autant des recherches sur la meilleure figure à donner aux vaisseaux, sur ce qu'on appelle la forme du solide de moindre résistance. La théorie a même renoncé, en quelque sorte, à déterminer exactement cette forme, et nous en sommes réduits à des tâtonnements plus ou moins heureux, dont les résultats sont quelquefois inattendus et nous paraissent inexplicables.

Mon père avait aussi cherché pendant longtemps à éclaircir ces points douteux; il avait fait une longue série d'expériences sur des solides de diverses formes mus avec des vitesses différentes. Bien d'autres ont fait ces expériences avant et après lui; nous avons celles de Bouguer, celles de Bossut, celles de Borda, celles de Dubuat, celles de Ducrest, auxquelles concoururent MM. de Prony, Lacroix, Bougainville, Soulage et Dumas; nous avons les expériences de la Société de Navigation anglaise, celles du colonel Beaufoy et de nombre d'autres savants. Si je plaçais ici en regard les résultats de toutes ces expériences, j'offrirais un tableau de contradictions propre à confondre celui qui voudrait y chercher des bases de calculs exacts. Que conclure de cela ? que les expériences sont à refaire, probablement dans des proportions et avec des appareils différents de ceux qui ont servi jusqu'ici; car je trouve, du moins dans le travail de mon père, une conclusion qui paraît avoir échappé aux autres expérimentateurs: c'est que l'état d'un corps mu dans un fluide diffère de celui du même corps mu à la surface du fluide; c'est que la loi de la résistance paraît varier avec la grandeur des corps, leur pesanteur spécifique et les diverses profondeurs où ils sont immergés ; de sorte que ce qui serait vrai pour un modèle de petite dimension cesserait de l'être pour un vaisseau de guerre.

Il ne m'appartient pas d'expliquer ces lacunes de la science ; on parviendra sans doute quelque jour à les remplir ; en les indiquant j'ai voulu seulement montrer que l'application de l'analyse à l'art des bateaux à vapeur sera de peu de secours tant que des expériences convenablement faites n'auront pas fourni des évaluations plus certaines que celles que nous possédons.

S'il existe encore tant d'obscurités dans la théorie du navire, ce qui concerne la puissance motrice est bien aussi, sur quelques points, resté dans l'imperfection ; je n'en veux d'autre preuve que l'ouvrage curieux et savant que vient de publier M. de Pambour. Lorsqu'il s'agira d'exécuter une des nombreuses variétés de machines à vapeur qui existent, on ne pourra en prédire l'effet réel que d'une manière approximative. Vouloir supputer *à priori* les rapports les plus parfaits entre les diverses parties de la machine et celles du navire, c'est risquer de voir se multiplier les chances d'erreur ; c'est introduire dans les formules un nombre double d'éléments d'une valeur inconnue ; et je ne puis m'empêcher de le redire ici : le perfectionnement des bateaux à vapeur n'arrivera jamais par cette route, quelque ornée qu'elle soit de syllogismes algébriques.

Aussi l'art de construire et de perfectionner les bateaux à vapeur est resté abandonné à des artistes mécaniciens plus ou moins ingénieux, qui n'ont pu s'écarter des chemins battus faute de posséder une théorie.

Je ne viens pas en offrir une ; je n'ai ni l'amour-propre qui enhardirait à la proposer, ni l'autorité qui serait nécessaire pour l'appuyer ; je viens signaler une lacune importante qui pourrait être remplie, au grand contentement de ce siècle d'activité et d'industrie, par l'assemblée la plus savante de l'Europe. Depuis sa création par Colbert, l'Académie des Sciences, parmi ses immortels travaux, a rendu de si grands, de si nombreux services à la navigation, que les yeux se portent naturellement sur elle aussitôt qu'une question relative à cet art difficile vient à se présenter.

La science de la navigation à vapeur est dans son enfance; elle est née Française; c'est presque un devoir pour l'Académie d'en faire un sujet d'adoption, de l'éclairer, de la rendre accessible au grand nombre de ceux qu'elle intéresse, et de diminuer par là les périls qu'encourent ceux qui s'y exercent sans guide et sans principes.

Voici les trois inconvénients principaux du système adopté jusqu'ici pour les bateaux à vapeur :

1° Nécessité de donner au point d'appui une grande vitesse aux dépens de celle du bâtiment;

2° Obliquité du choc des aubes, différence de vitesse aux divers points de la surface, et déperdition de force motrice qui en résulte;

3° Enfin, continuité, ou presque continuité du mouvement, ce qui paraît contraire aux lois que la nature elle-même a posées.

Obvier à ces inconvénients, construire un appareil qui en soit complétement à l'abri, ce serait une entreprise que je crois au-dessus du génie et de l'art humains; mais du moins de grandes améliorations sont possibles, et, pour se lancer dans la voie du perfectionnement, il est essentiel de bien reconnaître la nature des défauts auxquels il s'agit de remédier.

Or, puis-je croire que cet examen ait été fait jusqu'ici d'une manière suffisante, puisque tous les appareils qu'on a proposés pour remplacer le système des roues à aubes n'ont fait que reproduire, à un degré plus élevé, les inconvénients inhérents à ce système?

On a imaginé des pattes ou palettes, plongeant dans l'eau près des bords du bateau, poussées et retirées par un mouvement régulier, appareil qui pourrait équivaloir aux roues à aubes s'il n'entraînait pas une perte de temps et de force dans le retour des rames.

On a placé, soit aux côtés du bâtiment, soit à l'arrière, des roues à aubes inclinées comme celles des moulins à vent ; leur effet sur le bâtiment n'a été qu'une résultante proportionnelle à l'obliquité, et cette obliquité même a forcé d'augmenter leur vitesse aux dépens de celle du bateau.

On a disposé de chaque côté du bateau des espèces de châssis portant des volets mobiles, agissant, soit lorsqu'on plongeait perpendiculairement les châssis, soit lorsqu'on les relevait, sous un angle favorable à la marche du bateau. Cette idée ingénieuse, et aussi d'une exécution facile, n'a point eu de résultat, l'obliquité constante du choc consommant en pure perte une grande partie de la force motrice.

On a enfin essayé à grands frais, tout récemment, l'emploi de l'hélice, ou vis d'Archimède, comme l'appellent assez improprement les Anglais. Cette idée, caressée et proposée, à mon grand étonnement, par un savant anglais, M. Trëdgold, vient d'être exécutée sur une grande échelle et les journaux nous ont annoncé le succès de cette expérience. Pour moi, sans contester ce qu'ils rapportent de la marche du bateau *l'Archimède*, je persiste à dire que l'hélice présente, sous le rapport de l'effet dynamique, tous les inconvénients des roues à aubes, à un bien plus haut degré : motion continue, vitesse extrême, obliquité perpétuelle du choc ; pour qu'un bâtiment armé de l'hélice puisse équivaloir, toutes choses égales d'ailleurs, à un bâtiment muni de roues, il faut appliquer au premier une force motrice beaucoup plus considérable, et par conséquent d'une consommation plus coûteuse. J'attendrai donc avec confiance qu'on nous ait donné des bases authentiques de comparaison entre la marche de *l'Archimède* et celle de tel autre navire à roues, en tenant compte rigoureusement du degré de dilatation auquel la vapeur est employée, et de la quantité de combustible consommé par chacun d'eux. On conçoit que l'infériorité d'un appareil peut être suppléée par une augmentation de la force motrice, mais dans ce cas, où est le perfectionnement de l'art[1]?

Enfin, un des plus célèbres savants du dernier siècle, M. Bernouilli, a proposé sérieusement de faire mouvoir les bateaux au moyen d'une pompe qui refoulât l'eau à l'arrière, et réellement ce procédé a été, à ma connaissance, essayé plusieurs fois. Toujours on a obtenu un résultat pareil : pour une grande force dépensée une très faible quantité d'effet utile produit. C'est un étrange point d'appui, que de l'eau refoulée par de l'eau. Outre

(1) M. Tredgold établit (§ 616) que la forme angulaire d'une carène à surfaces droites éprouve moins de résistance contre le fluide qu'une carène à surfaces courbes, ce qui est entièrement contraire aux notions les plus familières aux constructeurs et aux marins, et ce qui est solennellement démenti par l'expérience. En effet, si, à un parallélipipède terminé à l'avant et à l'arrière par des prismes triangulaires rectilignes, on ajoute extérieurement, d'une extrémité à l'autre, des appendices curvilignes, le corps flottant déplacera plus d'eau par l'effet de ces renflements, et pourtant il éprouvera moins de résistance à se mouvoir. La science n'est point encore assez avancée pour déterminer la nature des courbes propres à réduire à un minimum la résistance d'une carène ; mais l'infériorité des surfaces droites est un fait hors de doute et généralement reconnu. Ainsi les formules que donne M. Tredgold à ce sujet ne peuvent être d'aucune utilité pour la construction, puisqu'il s'y rencontre toujours un terme dont l'évaluation a lieu en sens inverse de la réalité.

M. Tredgold (§ 635) établit, au sujet de la disposition à donner aux aubes, « que la résistance au mouvement devient moindre quand la surface frappe « l'eau obliquement. » C'est pourquoi il reconnait (§ 640) que les très grandes roues frappent le fluide dans une direction plus favorable que les autres. Il reconnait aussi (§ 629 et 630) l'inconvénient des différences de vitesse entre le bord extérieur et le bord intérieur de l'aube, différence provenant de ce qu'elle agit circulairement à l'extrémité d'un rayon. Après ces observations, n'y a-t-il pas lieu de s'étonner qu'il ait consacré plusieurs pages de calculs à démontrer les avantages de la vis d'Archimède, dans laquelle se rencontrent précisément l'obliquité la plus forte et la différence de vitesse la plus considérable, à cause du peu de longueur de son rayon ?

que ce système implique une grande vitesse du corps choquant et une motion parfaitement continue, ne voit-on pas que les molécules du fluide se dispersent au moment même du choc dans une infinité de directions ? La réaction qui résulte dans la direction utile à la marche se réduit à peu de chose.

Voilà donc où en est restée la science des bateaux à vapeur ; elle est à faire, et le peu de succès de toutes ces tentatives a découragé les artistes et les mécaniciens pratiques qui ont conclu, du silence de la théorie, qu'il n'y avait rien de mieux à faire que ce qui existe aujourd'hui.

APPAREIL PALMIPÈDE.

C'est dans cette situation des choses que j'ai entrepris de sortir de la routine et de faire faire un pas de plus à l'invention que mon père a le premier exécutée, et qu'on a en vain tenté de perfectionner après lui. Les principes que je viens d'exposer indiquent assez la route que je me suis tracée dans cette recherche ; la plus grande partie de mes calculs est déjà vérifiée par l'expérience. J'offre le résultat de mes travaux comme sujet d'examen aux savants qui voudront enrichir l'art d'une théorie qui manque encore, et qui fournirait indubitablement de nouveaux moyens de perfectionner cet art difficile.

Le problème que je m'étais donné à résoudre, le voici :

Trouver un appareil qui, comme celui des palmipèdes, eût une grande surface choquante et agît dans le fluide à une certaine profondeur et dans le sens le plus favorable à la marche du bâtiment ; dont l'évolution générale fût assez lente pour que, à chaque impulsion, il rencontrât une portion du fluide étrangère à celle que l'impulsion précédente avait déplacée, et à celle qui, par la loi d'équilibre, s'était mise d'elle-même en mouvement pour la remplacer ;

Calculer cette évolution de manière que la pression utile eût lieu dans un mouvement très court, ou, ce qui revient au même, que l'appareil agît pendant cet instant avec une grande vitesse et un grand développement de force motrice ;

Combiner cet effet alternatif, irrégulier, avec l'effet régulier et continu du moteur, sans que la machine éprouvât de chocs qui la rendissent destructible[1] ;

Enfin, disposer l'appareil de manière à éviter les inconvénients pratiques des roues à aubes sur les bâtiments, tels que l'embarras des tambours, la prise donnée au vent, l'impossibilité de conserver sa voilure ; à le rendre applicable à tous les navires et bâtiments qui servent à la navigation, sans les priver d'aucuns de leurs avantages et sans changements aucuns à leur forme et à leurs agrès, voilure et manœuvres, etc.

La description qui va suivre montrera les moyens que j'ai employés pour approcher de ce but.

(1) Je m'explique, et pour le faire avec plus de clarté, je prendrai dans la nature un point de comparaison. Rien certes, dans les corps animés, ne peut mieux convenir à l'idée d'un navire flottant, et nageant par l'effet d'une force motrice renfermée en lui, que l'oiseau navigateur. Prenons pour exemple le cygne, que Buffon, dans sa description élégante nomme « le roi « des palmipèdes, et le plus beau modèle que la nature nous ait offert pour « l'art de la navigation. » Et remarquez que si l'invention des bateaux à vapeur eût été connue alors que Buffon écrivait, sa comparaison eût paru bien plus exacte encore.

Supposons donc que deux cygnes soient parfaitement égaux en grandeur, en âge, en force, en courage ; voyez-les naviguant dans un vaste bassin, s'élançant de concert vers un même but. Toutes chances sont égales entre eux, et s'il s'agit de prévoir la vitesse de leur marche et le moment de leur arrivée au terme, on peut parier autant pour l'un que pour l'autre.

Mais que le moindre accident, le moindre mal vienne frapper l'un de ces cygnes dans les membres qui constituent son appareil nageur ; que le dérangement le plus léger trouble l'harmonie de ses articulations ou diminue la souplesse de ses palmes, aussitôt sa marche est retardée, et pourrait même en certains cas s'annuler presque totalement, sans que l'animal cessât d'agiter son appareil et d'épuiser sa force motrice, laquelle serait demeurée entière ainsi que sa volonté.

C'est donc dans la recherche du meilleur système de l'appareil nageur que gît uniquement le problème du perfectionnement des pyroscaphes.

En définitive, s'il faut bien avouer que nous ne possédons encore, sur certains phénomènes des corps mus dans les fluides, que des connaissances trop imparfaites pour établir une théorie exacte des bateaux à vapeur, néanmoins, en attendant que la science ait recueilli les éléments de cette théorie, l'art peut et doit se perfectionner. Si nous ne pouvons indiquer avec la rigueur d'une démonstration mathématique, le système le plus parfait à adopter dans la navigation à vapeur, nous pouvons du moins comparer entre eux des systèmes différents, et attribuer le perfectionnement à celui d'entre eux qui offrirait le plus d'avantages, ou, si l'on veut, le moins d'inconvénients.

Perfectionner un pyroscaphe, c'est, ou lui procurer une vitesse plus grande avec la même dépense de force, la même consommation de combustible, ou, lui conservant sa vitesse primitive, économiser le combustible, ou bien encore, sans changer ces deux conditions, lui faire porter plus de poids.

Il y aura aussi perfectionnement si le navire acquiert de la stabilité, s'il gouverne mieux, s'il est moins exposé aux naufrages, si son appareil est moins embarrassant, et, dans le cas d'un navire de guerre, si cet appareil est moins exposé aux atteintes de l'artillerie ennemie.

Il y aurait encore perfectionnement, si, dans le cours d'une traversée, le navire était mis en état de porter plus de voiles et de recevoir par conséquent une plus grande impulsion du vent, qui est une force motrice gratuitement fournie par la nature.

Le système dont je vais parler m'a paru réunir, comparativement à celui des roues à aubes, toutes ces conditions de perfectionnement, du moins à un certain degré.

On m'accordera aisément que, si la puissance motrice, agissant à bord d'un bâtiment et dans une direction parallèle à sa longueur, s'appuyait sur des leviers dont l'extrémité portât sur le sol, dans cette hypothèse, qui est celle du point fixe, on obtiendrait le *maximum* d'effet utile, toute la force disponible réagissant alors sur le navire.

Dans l'impossibilité où l'on est de prendre son point d'appui au fond de l'eau, on se rapprochera de cette condition en employant des leviers d'une grande longueur et en donnant à leur extrémité immergée une surface considérable. On s'en rapprochera plus encore si l'on distribue la puissance régulière exercée contre ces leviers en masses accumulées par instants très courts; car, dans cette combinaison le fluide qui sert de point d'appui résistera à la fois en raison de la grande surface de l'appareil et de la grande vitesse du choc.

C'est sur ce principe qu'est fondé mon mécanisme; j'en ai fait l'application sur une goëlette de forme marine, du port de 120 tonneaux environ, portant, à l'ordinaire, sa mâture, sa voilure et ses agrès, et n'ayant rien qui la distingue des autres bâtiments de ce genre qui naviguent sans vapeur.

Ce bâtiment a 20^{m},15 (62 pieds) de longueur et 5^{m},20 (16 pieds) de bau. Son tirant d'eau à pleine charge est de 2 mètres à l'avant et de 2^{m},37 à l'arrière; l'aire du parallélogramme circonscrit à la portion immergée de son maître-couple est de 11 mètres carrés; réduite par les façons de la carène, cette aire n'est réellement que de 7 mètres carrés environ. Il est muni d'une machine à vapeur à moyenne pression, dont la force est portée, à volonté, de 20 à 40 chevaux.

A l'arrière du bâtiment, sur le pont, est disposée une plate-forme de 4 mètres de longueur qui se meut horizontalement sur un axe vertical fixé contre l'étambot; une moitié de cette plate-forme est en dehors du bâtiment, l'autre moitié en dedans. Celle-ci supporte les deux cylindres oscillants de la machine à vapeur, dont les tiges des pistons communiquent directement le mouvement à un arbre suspendu à la plate-forme en dehors du navire. Cet arbre est coudé cinq fois, c'est-à-dire il est composé de cinq manivelles, dont deux reçoivent l'extrémité des pistons, et les trois autres sont articulées par des bielles aux leviers servant de point d'appui dans le fluide.

Trois couples de ces leviers sont suspendus sur tourillons à l'extrémité extérieure de la plate-forme ; ils agissent parallèlement à la marche du bâtiment ; ils supportent des volets à charnières, ou palmes articulées, au nombre de trois, qui descendent jusqu'au niveau de la quille et dont chacune présente au fluide, dans le moment de la pression, une surface de 2 mètres carrés. Après chaque impulsion ces palmes se ferment pour revenir, et s'ouvrent de nouveau pour l'impulsion suivante.

Les manivelles des pistons étant fixées, selon deux plans qui sont entre eux à angle droit, la force motrice est à peu près répartie également pendant la durée d'une évolution de l'arbre coudé ; mais, par la disposition des bielles qui communiquent le mouvement aux palmes articulées, chacune d'elles n'exerce sa pression sur le fluide que pendant le tiers de l'évolution, et le *maximum* de cette pression a même lieu dans un temps très court. Les deux autres tiers de l'évolution sont employés à retirer les palmes et à les ouvrir.

Les avantages de ce système, comparativement à celui des roues à aubes, peuvent être indiqués comme il suit :

1º Économie notable de force motrice, puisque l'appareil du point d'appui presse le fluide sans obliquité, avec une grande surface, à une grande profondeur, par chocs rapides, et que le fluide a tout le temps nécessaire pour se replacer dans l'intervalle des percussions. Donc, à dépense égale, augmentation de vitesse.

2º Il conserve au bâtiment sa stabilité, puisqu'on n'a besoin de rien changer à la forme usuelle du navire ; tandis que les pyroscaphes à roues exigent une construction particulière qui amaigrit leur carène en leur donnant une longueur disproportionnée, ce qui diminue de plus de moitié la quantité de voilure correspondante à leur déplacement, et réduit le port disponible à presque rien.

3° Je ne change rien au gouvernail du navire, et, en outre, mon appareil étant établi sur une plate-forme tournante, il suffit de lui faire parcourir, de bord en bord, un arc d'un certain nombre de degrés pour faire virer le bâtiment comme sur lui-même.

4° Cet appareil est moins embarrassant que celui des roues; il n'occupe (la chaudière exceptée) qu'un faible espace à l'arrière, sur le pont. Les soufflages qui recouvrent les roues sont supprimés et avec eux tous les inconvénients de la prise donnée au vent et de l'interruption des batteries. L'appareil est presque entièrement immergé, et il n'est guère plus exposé que le gouvernail aux projectiles de l'ennemi, auquel, dans les pyroscaphes à aubes, les roues se présentent comme un but de tir.

5° Dans une traversée je dois prendre plus de vent, et le prendre plus souvent, non-seulement que les pyroscaphes ordinaires, mais encore que les bâtiments simples voiliers. Voici les raisons sur lesquelles se fonde cette assertion, que l'expérience seule pourra démentir ou confirmer.

Le poids des palmes articulées qui agit à l'extrémité des leviers, à la profondeur de la quille, fait l'effet d'un contre-poids qui à chaque oscillation du navire tend à le ramener dans la situation horizontale. Cet effet s'est manifesté déjà d'une manière sensible dans nos expériences; mais ce n'est pas seulement dans la diminution du roulis que gît l'avantage de cet effet; il permettra, si je ne me trompe, de porter en plusieurs cas plus de voiles, ou des voiles plus hautes qu'un bâtiment privé de cette sorte de contre-poids.

Si l'on transporte l'extrémité intérieure de la plate-forme tournante sous le vent, en lui faisant parcourir quelques degrés de l'arc, le navire entrera dans le vent sous une inclinaison calculée et avec une vitesse correspondante à la puissance de l'appareil; en ce cas on pourra porter plus de voiles sans craindre de dériver, et, par conséquent, on diminuera considérablement le nombre des bordées dans un voyage de long cours. Ce résultat est si facile à entrevoir qu'il y aurait peut-être un avantage suffisant à munir les vaisseaux d'un appareil de très médiocre dimension, incapable seul de leur donner une vitesse raisonnable, mais suffisant pour faire équilibre à l'effort de dérive. Ce petit appareil occuperait peu de place et causerait peu de dépense; il servirait néanmoins à maintenir le vaisseau dans la direction de sa route, il permettrait d'employer un plus grand nombre d'aires de vent, il favoriserait certaines manœuvres difficiles, telle que celle de virer vent devant; enfin, en cas de danger, il fournirait un moyen précieux de sauvetage.

Cet appareil est tout en fer forgé; son poids ne dépasse guère celui de deux roues à aubes, de dimensions correspondantes, construites pareillement en fer, y compris l'arbre sur lequel elles sont fixées, et les palliers qui les supportent. L'appareil palmipède exige une assez grande précision dans l'exécution; il n'est néanmoins ni plus compliqué ni plus coûteux à construire qu'une paire de roues à aubes mobiles, guidées par un excentrique intérieur, telles qu'on en voit en usage dans un grand nombre de navires à vapeur.

L'appareil palmipède est un système d'articulations complétement liées entre elles et qui transportent la force motrice à l'extrémité des palmes d'axe en axe, sans qu'il y ait jamais interruption de contact, choc, ni cause prochaine de destruction des pièces, ou pour mieux dire des membres de cette machine, qui représente à certain point le mécanisme donné par la nature aux animaux nageurs.

Cet appareil peut être distribué de chaque côté du navire, dans l'emplacement habituel des roues, où il agirait à volonté dans les deux sens, soit pour pousser le bâtiment en avant, soit pour le retirer en arrière; mais dans ce cas on perdrait l'avantage que donne la plate-forme tournante, surtout pour la grande navigation.

Plusieurs objections m'ont été présentées au sujet de ce nouveau mécanisme; quelques-unes, purement théoriques, sont des hypothèses auxquelles, dans l'état actuel de la science, je ne pourrais répondre que par d'autres hypothèses; aussi ne m'y arrêterai-je point; l'expérience seule peut ici être juge.

Comme disposition générale, on a élevé des doutes sur la convenance de charger l'extrémité arrière du bâtiment d'un appareil pesant, qui jusqu'ici avait été placé dans le fort du navire; mais, outre que mon procédé n'exclut pas le choix de tout autre emplacement, on voit qu'il ne s'agit dans cette objection que d'une question d'arrimage. Rien n'est plus facile que de régler la distribution des poids et la situation du centre de gravité du navire, quand on connaît sa forme et sa capacité.

Quant aux doutes émis sur la possibilité d'exécuter en grand ce mécanisme, je n'avais qu'une réponse à faire, et je l'ai faite: c'était de l'exécuter.

Je suis loin de croire que dans ce premier essai d'un système nouveau, je sois parvenu à réaliser la majeure partie des avantages que, suivant moi, il est permis d'en attendre; déjà nos expériences m'ont suggéré, trop tard, l'idée d'un perfectionnement des plus importants. Le premier palmipède sera nécessairement une œuvre imparfaite, comparativement à ceux qui le suivront; mais si, dans son état d'imperfection, ce premier navire remplit à certain point les conditions du programme que je m'étais préfixé, on ne saurait nier que de lui datera l'ère des perfectionnements de la navigation à vapeur.

PIÈCES JUSTIFICATIVES.

PIECES JUSTIFICATIVES.

N° 1.

Acte de notoriété de l'expérience faite à Lyon en juillet 1783.

Par-devant les conseillers du roi, notaires à Lyon, soussignés, furent présents maître Laurent Basset, chevalier, ancien conseiller en la cour des Monnaies, sénéchaussée et présidial de Lyon, lieutenant général de police de ladite ville; M. l'abbé Monges, chevalier, historiographe de la ville de Lyon, de l'Académie des Sciences de ladite ville; M. Antoine-François de Landine, avocat en parlement, de l'Académie des Sciences de Lyon, correspondant de l'Académie des Inscriptions et Belles-Lettres de Paris, associé de celles de Dijon et Villefranche; M. Charles-Joseph Mathon, chevalier, seigneur de la cour et autres lieux, des Académies de Lyon et Villefranche; M. Claude-Antoine Roux, professeur d'éloquence, ci-devant professeur de physique et de mathématiques au collége Royal-Dauphin de Grenoble, de l'Académie des Sciences de Lyon, etc.; M. Gabriel-Étienne Le Camus, avocat en parlement, des académies de Lyon et Dijon, correspondant de la Société royale de Montpellier et receveur des gabelles à Lyon ; maître Jean-Baptiste Salicis, curé de la paroisse de Vaize, un des faubourgs de cette ville ; et M. Jean-Baptiste Salicis neveu, vicaire de ladite paroisse, tous demeurant à Lyon;

Lesquels ont certifié et attesté que M. Claude-François Dorothée, comte de Jouffroy d'Abbans, les ayant invités, le quinze du mois de juillet dernier, à être présents à l'essai qu'il se proposait de faire remonter un bateau, long de cent trente pieds, de quatorze de largeur, tirant trois pieds d'eau, ce qui suppose un poids de 327,000 livres, contre le cours d'eau de la Saône, qui pour lors était au-dessus des moyennes eaux, M. de Jouffroy remonta en effet, sans le secours d'aucune force animale, et par l'effet seul de la pompe à feu, pendant un quart d'heure environ ; après quoi M. de Jouffroy mit fin à son expérience ; de laquelle attestation les sieurs comparants ont requis le présent acte, qui leur a été octroyé par lesdits notaires, pour servir et valoir ce que de raison.

Fait et passé à Lyon, en l'étude, l'an mil sept cent quatre-vingt-trois, le 19 août, avant midi, et ont signé sur la minute, contrôlée, restée au pouvoir de maître Barond, un des notaires soussignés.

Expédition.

Signé DEVILLIERS ET BAROND, notaires.

N° 2.

INSTITUT DE FRANCE.

CLASSE DES SCIENCES PHYSIQUES ET MATHÉMATIQUES.

Paris, le 5 mars 1816.

Le secrétaire perpétuel pour les sciences

Certifie que ce qui suit est extrait des registres de l'Académie royale des Sciences, du 22 novembre 1783.

Mémoire sur les pompes à feu, par M. le comte de Jouffroy. Commissaires : MM. de Borda, l'abbé Bossut, Cousin et Perrier.

Du 20 décembre 1783.

Messieurs de Borda et Perrier ont rendu compte de la machine à feu de M. le comte de Jouffroy. Attendre des expériences.

DELAMBRE.

N° 3.

Lettre du ministre à M. le comte de Jouffroy.

Versailles, le 31 janvier 1784.

Je vous renvoie, monsieur, l'attestation du succès qu'a eu à Lyon la pompe à feu, par laquelle vous vous proposez de suppléer aux chevaux pour la navigation des rivières, ainsi que d'autres pièces que vous m'avez adressées, jointes à votre requête tendant à obtenir le privilége exclusif, pendant un certain nombre d'années, de l'usage des machines de ce genre. Il a paru que l'épreuve faite à Lyon ne remplissait pas suffisamment les conditions requises ; mais si, au moyen de la pompe à feu, vous réussissiez à faire remonter sur la Seine, l'espace de quelques lieues, un bateau chargé de 300 milliers, et que le succès de cette épreuve soit constaté à Paris d'une manière authentique, qui ne laisse aucun doute sur les avantages de vos procédés, vous pouvez compter qu'il vous sera accordé un privilége limité à quinze années, ainsi que vous l'a précédemment marqué M. Joly de Fleury.

Je suis bien sincèrement, monsieur, votre très humble et très obéissant serviteur.

Signé DE CALONNE.

N° 4.

JOURNAL DES DÉBATS, 2 *janvier* 1816.

La priorité des découvertes est une espèce de fortune dont les nations sont ordinairement et justement jalouses ; c'est un très beau sujet d'émulation que celui qui a pour objet l'amélioration des arts et le perfectionnement progressif de l'état de la société. Espérons que les peuples, un jour éclairés sur leurs communs intérêts, ne rivaliseront plus que dans ce genre de gloire, et laisseront aux âges barbares la funeste renommée des conquêtes et les disputes sanglantes de l'ambition.

En attendant, ne souffrons pas que l'on se permette à notre égard un plagiat dont rien ne justifie la moralité, et que la modestie du philanthrope et du savant à qui on ravit le fruit de ses veilles rend beaucoup plus coupable encore. Les acquisitions de la science, de la patience et du génie n'ont rien de commun avec les usurpations de la violence, et leurs trophées, consacrés par la reconnaissance des peuples, ne deviennent pas, comme les autres, le partage de la victoire, parce que le bienfait qui en résulte appartient à la société tout entière. Le tarif du mérite d'une invention utile, c'est la publicité ; mais il n'est que juste d'en reconnaître le premier auteur et de lui en rapporter la première gloire.

Ces réflexions me sont suggérées par la prétendue découverte des bateaux à vapeur que nos journaux veulent bien attribuer à M. Fulton, sur l'autorité très équivoque d'une gazette anglo-américaine, découverte d'une haute importance dont la France ne doit pas négliger l'honneur et dont de nouveau-venus auraient mauvaise grâce d'usurper tous les avantages. En 1782 M. le marquis de Jouffroy avait appliqué la machine à vapeur à la construction des bateaux pour la navigation des rivières en France, et obtenu, sur l'exposé de son projet, la promesse d'un privilége exclusif. Il se rendit en conséquence à Lyon, où il construisit un bateau de 140 pieds de longueur, portant 300 milliers, et muni de la machine à vapeur. Pendant tout le courant de l'été de 1783 il fit plusieurs expériences en remontant la Saône, de Lyon à l'île Sainte-Barbe; leur succès fut constaté alors par un procès-verbal signé d'une multitude de témoins dont la minute resta déposée dans l'étude d'un notaire, et l'année suivante, par le rapport circonstancié de deux membres distingués de l'Académie des Sciences. Les événements de la Révolution, qui arriva peu d'années après, empêchèrent M. le marquis de Jouffroy de donner d'autre suite à cette entreprise intéressante et d'en recueillir le fruit. *Sic vos non vobis* est plus souvent encore la devise des savants que celle des poëtes.

M. le marquis de Jouffroy, rentré en France en 1796, à la suite d'un long exil, apprit par la voie des journaux qu'un artiste de Trevoux, M. Desblancs, avait obtenu un brevet d'invention pour la construction d'un bateau à vapeur, construit probablement d'après les notions qu'on avait pu tirer de ses expériences. Sa réclamation en propriété fut consignée dans les journaux et soumise au ministère du temps, qui était trop occupé de ses affaires pour donner suite à celles du public.

Cependant M. Fulton, qui était enrichi des mêmes renseignements et qui faisait les mêmes essais auprès de l'île des Cygnes, avec un succès qu'il devait certainement à la machine de M. de Jouffroy, excita les inquiétudes de M. Desblancs, qui savait que le crédit d'un Anglo-Américain était beaucoup plus à craindre pour lui que celui d'un émigré. M. Desblancs allégua son brevet d'invention; M. Fulton répondit ironiquement que le brevet était une bévue et la priorité une question ridicule entre eux, puisqu'elle *appartenait à l'auteur des expériences de Lyon.* Il ajouta toutefois que ses essais ne devaient point avoir de suite en France, que son intention n'était pas d'établir de concurrence pratique sur nos fleuves, et qu'il retournerait à ceux de son pays, où l'on assure qu'il navigue aujourd'hui sans inconvénient pour notre commerce. Voilà l'état de la question.

Ce qui reste de certain, c'est que M. le marquis de Jouffroy a l'honneur de cette découverte ; que M. Fulton l'a copiée aussi exactement qu'il l'a pu ; que le premier l'a perfectionnée en trente-cinq ans d'application continuelle ; qu'il l'a amenée aujourd'hui à ce degré extrême de simplicité et d'économie qui est le mieux des arts mécaniques, et que, s'il était possible de lui contester l'invention, il aurait encore sur tous ses concurrents l'immense avantage de faire plus qu'ils ne font et de le faire à moitié frais.

En général, nous donnons beaucoup trop à la réputation des noms et à celle des pays. L'émulation nationale est un grand moyen de succès qui produit quelques injustices de peu d'importance dans certaines applications particulières, mais qui est très avantageux à l'industrie et à la prospérité des peuples. On reproche cet esprit d'exclusion aux Anglais. Nous portons plus loin l'excès contraire, qui consiste à n'admirer que les productions de l'industrie étrangère ; et ce qui le prouve, c'est que les Anglais ont souvent rendu à certains de nos établissements une justice que nous n'accordons guère nous-mêmes aux talents de nos compatriotes, surtout quand ils ont le défaut de vivre. Le rapport de la troisième classe de l'Institut, du 3 août 1812, sur les intéressants travaux de M. Jecker (propriétaire de la manufacture royale d'instruments d'optique, de mathématique, de marine, située rue de Bondy, n° 32), est sans doute fort honorable ; mais il reste malheureusement assez ignoré en France, comme la plupart des rapports de l'Institut : l'Europe savante est donc en partie redevable à M. Brisbane, major général de l'armée anglaise, de la connaissance des excellents instruments astronomiques de ce savant artiste, et spécialement d'un cercle de réflexion de Porta très perfectionné, qui a permis à M. Brisbane d'obtenir des résultats que les instruments les plus estimés lui avaient refusés. La France était de tout temps tributaire de ses voisins pour ces objets de docte industrie, dont quelques-uns ne se fabriquaient qu'en Angleterre ; M. Jecker leur a dérobé ce secret, et il l'a dérobé en voleur habile, puisque les premiers propriétaires ne trouvent rien de mieux à faire maintenant que de le copier. Cette petite guerre de talent et de génie est la seule qui convienne aux peuples éclairés et polis. Je la leur souhaite.

CHARLES NODIER.

N° 5.

JOURNAL DES DÉBATS, 28 *mars* 1816.

La navigation merveilleuse de M. Andriel, à bord du bateau à vapeur *l'Elise*, fixe dans ce moment l'attention publique. C'est une des plus heureuses applications qu'on puisse faire des pompes à feu ou machines à vapeur, invention sublime, et qui procure à l'homme une puissance admirable et comme illimitée. La première conception de cette machine est due à M. de Worcester, espèce d'homme à projets, qui publia en 1663 un ouvrage intitulé *Centuries d'inventions*. Il est impossible de voir un ramas d'idées plus originales ; malheureusement la plupart d'entre elles sont inexécutables. C'est cependant de cet ouvrage que Savary, ou Savery, en 1696, prit l'idée de la machine à vapeur, qu'il perfectionna un peu ; mais des améliorations essentielles furent imaginées par Newcomen, en 1705. Jusqu'alors cette machine, depuis si imposante, était comme Hercule au berceau. Newcomen introduisit le cylindre dans lequel la vapeur agit sous un piston, et fit l'application de ce moteur à la pompe, au moyen d'un grand levier. H. Beighton perfectionna en 1717 plusieurs détails intéressants ; mais la théorie de la machine à vapeur et ses nombreuses applications étaient réservées à M. Watt, de Glascow, homme d'un génie transcendant ; il établit que l'eau convertie en vapeur sous la pression ordinaire de l'atmosphère occupe un espace environ 1,800 fois plus grande que son volume sous l'état liquide. Dès 1765 les perfectionnements faits à la machine de Newcomen par M. Watt passèrent ses espérances, et en 1781 il mit le comble à sa gloire en trouvant un moyen de produire un mouvement circulaire autour d'un axe donné.

Après l'invention de la machine *rotatoire* commence une ère nouvelle pour l'Angleterre, et l'industrie manufacturière de ce pays s'élève à un degré de splendeur inconnu dans l'histoire du monde. Chez nos voisins les pompes à feu sont tellement multipliées qu'on s'y procure aisément les machines à vapeur, depuis la force d'un cheval et ne consommant qu'un boisseau de charbon par jour, jusqu'à la pompe à feu qui égale la force de 120 chevaux et qui brûle onze milliers de houille en vingt-quatre heures. Telle est l'histoire succincte de la machine à vapeur, qui a donné son nom au bateau désigné aussi communément par celui de *bateau de Fulton*. En 1802 ce grand ingénieur construisit à Paris un bateau à vapeur qui lui attire aujourd'hui une attaque un peu brusque de la part de M. le marquis de Jouffroy. Dans un *factum* qu'il vient de publier, il traite Fulton de *plagiaire*, et prétend que cet homme d'un génie si inventif lui a dérobé l'idée du bateau à vapeur, en copiant celui que M. de Jouffroy fit construire à Lyon en 1782.

J'applaudis volontiers au sentiment patriotique qui fait que M de Jouffroy désire qu'on puisse attribuer à un Français l'honneur d'une *belle invention*. Malheureusement il s'agit ici bien moins d'une invention que de l'application d'un moteur déjà connu. Fulton d'ailleurs ne s'est jamais donné comme inventeur dans ce genre; l'application qu'il a faite était pour ainsi dire *triviale*, à force d'être indiquée par tous les gens de l'art; mais il fallait des moyens d'exécution, et Fulton s'en est procuré. La manière dont M. de Jouffroy, au surplus, prétend prouver que Fulton l'a copié est fort extraordinaire. Il donne la dimension de son bateau et dit aux hommes du métier de le comparer à celui de l'Américain; mais cette comparaison prouve exactement le contraire de ce que veut établir M. le marquis de Jouffroy. Son bateau exécuté à Lyon avait 130 pieds de long sur 14 de largeur. Celui de Fulton, qui navigue sur le Nord-River, depuis New-York jusqu'à Albany, a 156 pieds de long, 16 pieds de large à la quille, 20 pieds de largeur au gaillard, et sept pieds d'entrepont. Le bateau de Fulton est donc bien plus grand que celui de M. de Jouffroy ; leurs formes d'ailleurs n'ont rien de commun, et la machine à vapeur y est installée d'une manière différente ; mais, encore une fois, ce n'est pas là la question ; MM. de Jouffroy et Fulton ont tous les deux appliqué à des bateaux la machine à vapeur perfectionnée par Watt. Voilà le véritable inventeur ; car la machine rotatoire étant connue, qui n'a pas eu l'idée de l'appliquer aux bateaux ? Lorsque des projets gigantesques firent rassembler à Boulogne tant de bateaux plats, je n'avais jamais entendu parler de M. de Jouffroy, et j'émis souvent l'opinion qu'à toute cette *flottille* on aurait dû préférer des *batteries flottantes* mues par des pompes à feu ; je fus traité de *visionnaire*, c'est l'usage en France ; mais enfin, si le projet eût *été* adopté, M. de Jouffroy n'aurait pas manqué de crier au *plagiat*. Et la frégate que Fulton a construite en Amérique dans la dernière guerre, est-ce aussi un *plagiat*, parce qu'elle était mue par une pompe à feu ? Pour terminer sur M. de Jouffroy, je ferai observer que, par égard pour la mémoire de Fulton, il fallait au moins le combattre avec le langage de la géométrie, et ne pas dire que la force des machines à vapeur s'évalue « à neuf livres pour chaque *pouce rond* de la surface de la base de leur cylindre. »

Les géomètres mesurent les surfaces par des pouces carrés et les solides par des pouces cubes ; les *pouces ronds* sont bien de l'invention de M. le marquis de Jouffroy, et cette invention-là, du moins, personne ne la lui dérobera. Il a aussi établi par avance, dans sa brochure, quelques raisonnements spécieux qui, selon lui, établissent la démonstration de son droit dans le procès dont il semble menacer M. Andriel ; mais cet armateur, aussi intrépide que modeste, pendant que M. de Jouffroy écrit contre lui à Paris, se rend en Angleterre, s'embarque sur le bateau *l'Elise*, et montre pour la première fois la machine à vapeur luttant contre une mer tellement agitée qu'un bâtiment ordinaire aurait mis à la cape.

M. Andriel vient de répondre victorieusement aux gens qui voulaient borner la navigation des bâtiments à vapeur aux lacs et aux rivières. Les remarques qu'il a faites dans son rapport ne sont pas de nature à arrêter des marins intrépides. Si par les oscillations de *l'Elise* (qu'on nomme roulis), ce bateau a eu quelquefois une roue hors de l'eau, il sera facile de remédier à cet inconvénient en construisant des *roues mobiles*, et qui pourront ainsi s'allonger ou se raccourcir à volonté, etc.

FRÉDÉRIC ROYOU.

N° 6.

JOURNAL DES DÉBATS, 4 *avril* 1816.

Avant que les bateaux à vapeur de MM. Andriel, Pajol et Cie fussent devenus une de nos richesses nationales en exploitation, quand on paraissait ne s'en occuper encore que spéculativement, j'ai rendu justice, dans ce journal, à l'importance de cette grande entreprise en prenant date contre Fulton, pour l'invention des bateaux à vapeur, en faveur de M. le marquis de Jouffroy. Comme cette discussion n'était d'aucune importance pour l'entrepreneur actuel, qui ne prétend pas au titre d'inventeur, mais qui passe pour très capable de perfectionner ce qu'on a inventé avant lui ; comme elle était de très peu d'importance pour Fulton lui-même, qui n'a pas ignoré dans le temps la priorité de M. de Jouffroy, et qui ne la contesterait pas maintenant ; comme enfin mon petit narré était appuyé de faits mathématiquement incontestables, je ne m'attendais pas à essuyer la moindre contradiction, et j'y étais d'autant moins préparé que la question m'est extrêmement étrangère en elle-même, et que, si l'invention des bateaux à vapeur se perdait aujourd'hui, je ne penserais pas du tout à la retrouver. C'est donc sans étonnement et sans dépit que je me suis rencontré en présence d'un adversaire couvert de pied en cap de toute l'armure de la science ; et je suis si convaincu d'avance, en toute occasion, de la faiblesse de mes armes, que je les rendrais à l'instant à M. Frédéric Royou si je pouvais abandonner les intérêts de la logique comme ceux de mon amour-propre ; je n'hésiterais pas même sur le sacrifice entier, s'il devait résulter de ma réplique une de ces logomachies éternelles qui embrouillent les affaires, qui brouillent les avocats et qui ennuient le public. Il ne s'agit heureusement que d'une explication assez courte sur une matière assez curieuse, dont le public s'occupe volontiers parce qu'elle est nouvelle, et dont il ne parlera plus quand son utilité sera démontrée par les résultats. C'est l'usage en France.

J'ai dit, et M. de Jouffroy a imprimé sans doute (je ne connais pas sa brochure), qu'une découverte de 1782 est antérieure à une découverte de 1802. Voilà toute la question; j'en connais peu d'aussi simple et d'aussi exactement exprimée. C'est ce que l'on me conteste, et voici par quels théorèmes. Je copie fidèlement :

« 1° La navigation merveilleuse de M. Andriel est une des plus « heureuses applications de la machine à vapeur, qui est une in- « vention sublime ;

« 2° La conception de cette machine est due à Worcester, puis « à Savary ou Savery, puis à Newcomen, qui y fit des améliora- « tions, puis à Beighton, puis à Watt, qui a trouvé la machine « rotatoire ;

« 3° Les Anglais ont appliqué cette machine rotatoire à plusieurs « parties de l'industrie manufacturière, jusqu'au grand ingénieur « Fulton qui l'a appliquée à Paris aux bateaux à vapeur en 1802; « mais cette application (en vertu de laquelle Fulton est qualifié « de *grand ingénieur*) ne prouve rien en faveur de M. de Jouffroy, « qui avait fait l'application vingt ans auparavant, parce qu'il ne « s'agit pas ici d'une invention, mais de l'application d'un moteur « déjà connu. » (Voir le *Journal des Débats* du 28 mars.)

Il ne faudrait pas conclure de là que l'imprimerie n'était pas une invention, parce que le levier et la presse étaient des moteurs connus, et que Guttemberg n'a pas plus inventé l'imprimerie que M. Le Normand. Tout ce raisonnement serait d'ailleurs fort bon si M. de Jouffroy réclamait contre Worcester, Savary ou Savery, Newcomen, Beighton et Watt pour l'invention de la pompe à vapeur et de la machine rotatoire; mais il réclame seulement pour l'application de cette machine aux bateaux, et la solution du problème consiste seulement à savoir si l'an de grâce 1782 a précédé chronologiquement l'an de grâce 1802, époque de l'invention ou de l'application de Fulton. Quant à moi, je crois que le bateau à vapeur a été *inventé* par le premier homme qui s'est avisé d'appliquer une machine à vapeur à un bateau, et c'est une opinion conforme à la définition que donne Condillac des découvertes, quand il les appelle *le rapprochement de deux idées anciennes*. J'irai plus loin : je déclare que l'inventeur du bateau me paraît beaucoup mieux autorisé à réclamer la priorité de l'invention de M. de Jouffroy que l'inventeur de la machine rotatoire, et je m'en rapporte aux gens sensés qui naviguent quelquefois d'un côté de la Seine à l'autre sans machine rotatoire. Il y a finalement un jeu d'expression tout-à-fait abusif entre cette *invention* et cette *application*. En bonne technologie, *inventer c'est appliquer*.

« Mais, continue M. Royou, l'application de la machine rotatoire « était pour ainsi dire triviale à force d'être indiquée par tous les « gens de l'art ; il fallait des moyens d'exécution, et Fulton s'en est « procuré. »

Il ne s'agit pas de savoir si l'application de la machine rotatoire était *triviale* et si elle était indiquée ; il s'agit de savoir si elle était faite. Eh ! quelle application n'est pas *triviale* dans l'histoire des découvertes ? Qui pouvait ignorer, avant Christophe Colomb, et après tous les philosophes anciens, qu'il existait un autre hémisphère? Qui doutait, avant Montgolfier, qu'il y eût des gaz plus légers que l'air atmosphérique ? Quel homme ne sait point qu'un œuf tronqué par une de ses extrémités se tient très bien debout ? Il importe donc de connaître lequel a posé l'œuf ou adapté la machine. Dire que M. de Jouffroy n'a pas inventé le bateau à vapeur parce qu'on avait inventé à Glascow la machine rotatoire, c'est dire qu'on n'a pas inventé de notre temps les bretelles élastiques, parce qu'on savait de temps immémorial tourner en spirale le fil de laiton ; il serait strictement vrai qu'il ne peut plus rien se faire de nouveau sous le soleil.

« Il fallait des moyens d'exécution, et Fulton s'en est procuré. » Ici je ne comprends pas M. Royou, ou je le comprends trop bien. Des moyens d'exécution démonstrative? mais le bateau de M. de Jouffroy a navigué; des moyens pécuniaires d'entreprise? c'est autre chose. Il paraît que M. le marquis de Jouffroy ne fut pas assez heureux, dans les circonstances qui suivirent de près, pour profiter de cette grande tentative; mais si c'est à quelques milliers de louis que se réduit l'avantage, Fulton ne sera plus un *grand ingénieur;* ce sera tout simplement un grand capitaliste, et je lui en fais mon compliment. J'insiste toujours pour la logique.

« Au surplus, la manière dont M. de Jouffroy prétend prouver « que Fulton l'a copié est fort extraordinaire. Il donne la dimension « de son bateau, et il dit aux hommes du métier de le comparer « à celui de l'Américain. Mais cette comparaison prouve exactement « le contraire de ce que M. le marquis de Jouffroy veut établir. »

Si cette comparaison prouve exactement le contraire de ce que M. le marquis de Jouffroy veut établir, elle prouve exactement que c'est M. de Jouffroy qui a copié Fulton vingt ans avant que Fulton n'ait pensé aux bateaux à vapeur; ce qui est en effet *fort extraordinaire.* Mais sautez sept lignes, et vous trouverez cette conséquence: « Le bateau de Fulton est donc plus grand que celui de « M. de Jouffroy? » Ne semble-t-il pas que M. de Jouffroy dispute sur la longueur des bateaux? Quel avantage n'aura pas alors l'entrepreneur des bains Vigier?

M. Royou prétend que, la machine rotatoire étant connue, tout le monde avait eu l'idée de l'appliquer aux bateaux, et que cette idée lui était même venue à propos des bateaux plats de Boulogne; il conclut de là que la priorité de M. de Jouffroy ne signifie rien, puisqu'il n'avait jamais entendu parler de M. de Jouffroy, et il finit par avouer que lui, M. Royou, fut traité de *visionnaire.* « Cepen-

« dant, ajoute-t-il, si le projet eût *été* adopté, M. de Jouffroy n'eût « pas manqué de crier contre moi au plagiat. »

Pas le moins du monde M. de Jouffroy n'eût *crié* au *plagiat* contre un homme qui aurait pu lui prouver qu'il avait inventé la même chose que lui, ce qui arrive très souvent dans les sciences, et particulièrement en mécanique ; il aurait simplement démontré et justement réclamé la priorité de fait, qui n'implique pas toujours plagiat. Mais Fulton connaissait très bien le bateau de M. de Jouffroy, et il ne l'avait pas caché, et, tout *grand ingénieur* qu'il fût, il ne l'appropriait à son pays que comme une spéculation abandonnée au premier occupant, parce que M. de Jouffroy avait perdu ses droits civils par l'effet de la Révolution. Convenons cependant qu'il est surprenant que M. Royou ait été traité de visionnaire *par tout le monde*, pour l'application de la machine rotatoire aux bateaux, s'il est bien vrai que *tout le monde* avait eu l'idée d'appliquer aux bateaux la machine rotatoire. C'est jouer de malheur.

Je ne parle pas du tort qu'a eu M. de Jouffroy d'employer le terme de *pouces ronds* dans un petit écrit adressé aux entrepreneurs, aux ouvriers, aux moindres agents de la navigation pratique, sur une matière populaire par son objet, qu'il lui importe de rendre très intelligible par sa forme. Il serait fort étonnant qu'un de nos plus habiles mécaniciens ne sût pas l'A B C de la géométrie la plus vulgaire, c'est-à-dire ce que personne n'en ignore ; mais cela serait réel qu'il n'en resterait pas moins historiquement vrai que M. de Jouffroy a adapté la machine rotatoire au bateau vingt ans avant Fulton.

Un tort plus grave de la part de M. de Jouffroy, ce serait d'avoir menacé M. Andriel, comme le dit M. Royou ; mais cela me paraît hors de toute supposition. M. de Jouffroy cherche à prendre dans l'histoire de l'industrie humaine une place qui lui est légitimement due, que M. Andriel ne réclame pas, que Fulton ne réclamerait pas, et que ne réclameraient pas tous les générateurs de la machine rotatoire, depuis Watt jusqu'à Worcester, celle de l'homme qui a le premier appliqué la pompe à feu à la navigation des rivières. La seule manière de lui répondre, c'est de prendre date sur lui, ne fût-ce que de six mois, que de huit jours; mais pour 1802, cela n'est pas admissible.

Ces débats n'ont rien de nuisible d'ailleurs à l'admirable entreprise de M. Andriel, dans laquelle je n'ai point d'intérêt, mais à laquelle je porte beaucoup d'intérêt. La prétention de M. de Jouffroy n'est qu'honorable au contraire pour cette entreprise et pour la France, et si cette prétention n'est pas accueillie, si elle n'est pas consacrée, il faut renoncer à tous les droits d'*antériorité* dans la science et dans les arts; il n'y a plus de manœuvre dans les chantiers de construction navale qui ne puisse s'arroger la préséance sur les Argonautes.

Ch. NODIER.

N° 7.

Au rédacteur du CONSTITUTIONNEL.

Paris, 15 mai 1816.

MONSIEUR,

Je vous prie de vouloir bien annoncer que M. le marquis de Jouffroy, auteur de la découverte des bateaux à vapeur, a reçu du Gouvernement, le 23 du mois dernier, le brevet d'invention qu'il avait réclamé, pour jouir des droits et du privilége exclusif d'exploitation que les lois assurent aux auteurs des découvertes utiles; qu'en conséquence il a fait commencer des constructions de bateaux à vapeur sur différents points du royaume, et qu'il voyage en ce moment dans le Midi pour y choisir les usines propres à son établissement. J'ai l'honneur, etc.

Pour M. le marquis de JOUFFROY,

Le comte A. de JOUFFROY.

N° 8.

18 mai 1816.

Nous avons lu avec surprise la lettre que M. le marquis de Jouffroy a écrite dans les journaux le 15 de ce mois, et par laquelle il annonce avoir obtenu un brevet d'invention pour les bateaux à vapeur. Cette découverte remonte au commencement du siècle dernier. Le moyen primitif appartient à tout le monde. Les procédés perfectionnés, qui font le succès de notre entreprise, n'appartiennent qu'à nous.

M. le marquis de Jouffroy a fait une expérience qui n'a eu aucun succès, en 1782. Il n'a point alors obtenu le privilége, et, quand même il lui aurait été concédé, il en serait déchu à défaut d'exécution dans le délai de deux ans, suivant l'article 16 de la loi du 30 septembre 1790.

Nous ne réclamons pas l'honneur de l'invention, mais notre société est la seule qui ait fait jouir la France de cette utile découverte. Nos brevets d'importation, d'addition et de perfectionnement ont été accordés dès le mois d'octobre 1814. La loi assimile l'importation à l'invention, et, si M. de Jouffroy a obtenu récemment un brevet d'invention, il est bon de faire remarquer qu'aux termes des lois le Gouvernement accorde les brevets sans examen préalable et ne garantit ni le mérite de l'invention ni la priorité.

Nous ne voulons point fatiguer le public d'une contestation particulière, et les tribunaux seront seuls juges de cette affaire, si, contre toute vraisemblance, M. le marquis de Jouffroy persiste dans ses prétentions.

Il paraîtra sans doute singulier que M. le comte Achille de

Jouffroy fils, qui a signé la lettre pour monsieur son père, ait été employé au service d'une compagnie qui n'avait qu'un brevet d'importation et de perfectionnement, lorsqu'à présent, selon lui, la découverte appartiendrait à son père.

Agréez, etc.

Le gérant de la Société P. Pajol et Cie.

Signé : P. PAJOL.

N° 9.

Bercy, le 25 mars 1816.

Vous avez inséré dans une de vos feuilles la lettre des gérants de la Société P. Pajol et Cie, qui tend à détruire l'impression qu'ont produite les droits de mon père sur l'opinion publique. Pour cette raison j'oserai compter sur votre impartialité pour publier cette réponse.

Si la découverte des bateaux à vapeur remontait au commencement du siècle dernier, ce qu'il faudrait prouver par un nom, une date certaine et des faits, l'agitation de ces messieurs contre le marquis de Jouffroy deviendrait inutile; ils n'auraient pas plus de droits que lui à l'exploitation d'un privilége. Leurs procédés perfectionnés et leurs succès n'existent pas; ils peuvent avoir pris des brevets, mais où sont les preuves de perfectionnement? Ce n'est sans doute ni l'échantillon qui évoluait l'année dernière sur la Seine, ni le bateau *l'Elise*, qu'ils ont acheté tout construit en Angleterre. On ne prétendra pas non plus que l'idée de traîner plusieurs bateaux attachés ensemble, idée qui n'a point de date, soit un perfectionnement à faire valoir au moyen d'un brevet et du nom de bateaux remorqueurs.

Mon père a fait à Lyon, en 1783, une expérience qui a eu tout le succès désirable, et qui est constatée par un procès-verbal authentique. Il n'a pas obtenu de privilége alors, parce que la loi de 1790 n'existait pas, et que le Gouvernement considérait un privilége comme une faveur qu'il lui était libre de dispenser à son gré. Cependant il lui avait été promis officiellement par le premier ministre.

Enfin la loi de 1790 est arrivée ; elle ne fixe pas le terme pour solliciter les brevets d'invention, ni ne prononce pas de prescription contre qui ne les sollicite pas. M. le marquis de Jouffroy n'avait pas reçu de brevet depuis qu'elle est rendue ; en conséquence il n'est donc pas dans le cas de la déchéance qu'elle prononce, et, comme le droit de réclamer un privilége mérité est demeuré imprescriptible, le brevet qui vient d'être concédé à mon père lui assure pleinement l'exercice de tous ses droits d'inventeur. Devant de pareils droits, l'importation sous le nom d'un étranger tombe, et avec elle les additions et les perfectionnements illusoires.

MM. P. Pajol et Cie pourraient même se désabuser d'avance sur leurs prétentions, s'ils savaient que les tribunaux d'Amérique ont déjà jugé que l'invention des bateaux à vapeur n'appartient point à Fulton, mais bien à M. le marquis de Jouffroy.

J'achèverai par une explication qui m'est personnelle ; ces messieurs ont dit qu'il paraîtra singulier que j'ai été employé par eux, importateurs, lorsque j'étais le fils de l'inventeur ; mais quelles conséquences y a-t-il à en tirer pour la question qu'ils élèvent ? aucune. Ils m'ont proposé de remplir quelques missions ; j'y ai consenti sans prendre d'engagement, en les prévenant que je ne pourrais leur continuer mes soins dès que mon père userait de ses droits. J'avoue que j'ai été entraîné par le désir et l'apparence d'un rapprochement entre eux. J'ai vu en cela l'intérêt de la chose plus que celui des personnes. Je me flatte que cette explication, à laquelle je n'aurais pas dû être forcé, et que je pourrais étendre davantage, suffira pour justifier mes rapports avec MM. P. Pajol et Cie. Je me flatte que si la remarque qu'ils ont faite devait produire une impression défavorable, ce ne serait ni contre moi ni contre les intérêts de M. le marquis de Jouffroy.

Veuillez agréer, etc.

Le comte ACHILLE DE JOUFFROY.

N° 10.

JOURNAL DE PARIS, 9 *juin* 1816, 3e *colonne.*

M. le marquis de Jouffroy, auteur de la découverte des bateaux à vapeur, ayant obtenu du Gouvernement le brevet d'invention qui lui assure, aux termes des lois, le privilége exclusif de l'exploitation de ce nouveau système de navigation dans toute l'étendue du royaume, a établi, au château du Petit-Bercy, un chantier et des ateliers divers pour la construction des bateaux à vapeur. Déjà une diligence, de la longueur d'une frégate et d'une forme agréable, y est presque achevée, et elle sera probablement lancée sur la Seine dans les jours de fêtes qui suivront la cérémonie du mariage de S. A. R. le duc de Berri. Une autre construction, destinée au commerce des vins au port de la Rapée, y est mise en œuvre et ne tardera pas à être aussi avancée que cette diligence. Toutes les dispositions ont été faites au chantier de Bercy pour continuer des travaux aussi importants pour le commerce qu'ils seront avantageux pour le public en général. On pourà y construire bientôt jusqu'à six bateaux à la fois.

M. le marquis de Jouffroy, qui possède le moyen très essentiel de l'exécution en même temps qu'il a réuni des capitaux considérables, a commencé à établir plusieurs autres chantiers qui s'agrandiront avec la même rapidité, et tout annonce que, sous peu d'années, tous les points de la France où son heureuse découverte sera nécessaire à la prospérité locale seront pourvus par ses soins des bâtiments utiles au transport des voyageurs et des marchandises, ainsi qu'à l'entrée des navires dans les ports où les passes sont difficiles et souvent très dangereuses. Afin de donner plus d'impulsion encore à l'exécution de ses plans, il vient de concéder à une compagnie l'exploitation de la partie de la Seine-Inférieure, comprise d'Elbeuf à Rouen, et de cette dernière ville à la Bouille. Dans quatre mois le premier bateau y sera en pleine activité, et successivement tous ceux nécessaires au service de ces deux points ; de sorte qu'incessamment la nation française jouira, au moyen de sa propre industrie, d'une découverte dont la gloire lui appartient, et les bateaux de mauvais goût, empruntés à la main-d'œuvre étrangère, cesseront sans doute de naviguer sur nos rivières.

N° 11.

Extrait du Bulletin des Lois, n° 103.

ORDONNANCE DU ROI.

Au château des Tuileries, le 10 juillet 1816.

Louis, par la grâce de Dieu roi de France et de Navarre, à tous ceux qui ces présentes verront, salut.

Sur le rapport de notre ministre secrétaire d'état de l'intérieur, etc., etc.;

Nous avons ordonné et ordonnons ce qui suit :

Art. 1er. Les particuliers ci-après dénommés sont définitivement brevetés :

§ 3. M. le marquis *de Jouffroy d'Abbans* (*Claude-François-Dorothée*), demeurant à Paris, rue Poissonnière, n° 44, auquel il a été délivré, le 23 avril dernier, le certificat de sa demande d'un brevet d'invention de quinze ans pour des procédés de construction d'un bateau à vapeur propre à faire remonter les courants des fleuves et rivières.

§ 22. M. le marquis *de Jouffroy d'Abbans*, demeurant à Paris, rue Poissonnière, n° 44, auquel il a été délivré, le 10 juin dernier, l'attestation de sa demande d'un certificat d'additions et de perfectionnement au brevet d'invention de quinze ans qu'il a obtenu, le 23 avril 1816, pour des procédés de constructions d'un bateau à vapeur propre à faire remonter les courants des fleuves et rivières.

Art. 2. Il sera adressé à chacun des brevetés, etc.

Art. 3. La présente ordonnance sera insérée au Bulletin des Lois.

Donné en notre château des Tuileries, le 10 juillet de l'an de grâce 1816, et de notre règne le vingt-deuxième.

Signé LOUIS.

Le ministre secrétaire d'état de l'intérieur,

Signé LAINÉ.

Certifié conforme par nous chancelier de France, chargé par *intérim* du portefeuille du ministre de la justice,

Signé DAMBRAY.

N° 12.

CONSTITUTIONNEL, 15 *juillet* 1816.

Depuis deux ans plusieurs brevets d'invention ont *été* obtenus en France pour la prétendue découverte du système de navigation à l'aide des bateaux à vapeur ; il n'est aucun des *impétrants* qui ne revendique et le titre d'*inventeur* et le droit exclusif à l'exploitation de son brevet. Celui qui se montre avec le plus d'assurance à la tête de ces exclusifs est M. le marquis de Jouffroy, qui réclame la priorité pour ses expériences sur la Saône en 1782.

Il est fâcheux, pour tous ceux qui prétendent au titre d'inventeur, qu'il existe une foule d'ouvrages imprimés, soit chez l'étranger, soit en France, depuis 1735, dans lesquels le système des bateaux à vapeur se trouve amplement décrit et appuyé sur des expériences.

Convaincus par ces témoins irrécusables du plagiat le plus hardi, ils seront probablement déchus du bénéfice de leurs prétendus brevets d'invention ; ainsi le veut la loi de janvier 1791.

La compagnie Pajol ayant importé la première, et à grands frais, les machines à haute pression, s'en est assurée l'usage primitif par un brevet d'importation. C'est ainsi que la même compagnie, ayant mis des machines à haute pression à l'abri de tout danger, s'est pourvue de plusieurs brevets de perfectionnement qui réservent à elle seule la construction et l'emploi de *ces procédés* spéciaux. La compagnie Pajol a fait signifier à M. le marquis de Jouffroy l'extrait de ses brevets d'importation et de perfectionnement.

Un mémoire qui est sous presse, en donnant l'historique des bateaux à vapeur, fera bientôt évanouir toutes les prétentions de ceux qui se décorent du nom d'inventeur.

N° 13.

JOURNAL DE PARIS, 26 *juillet* 1816.

Depuis plus de six mois les journaux écrivent des lettres et des articles sur la *découverte* des bateaux à vapeur, tantôt attribuée à l'Américain Fulton, par MM. Pajol et Cie, *tantôt* revendiquée par M. le marquis de Jouffroy, et enfin contestée à celui-ci par MM. Pajol et Cie, qui ne l'attribuent plus à l'Américain Fulton. Dans l'état où se présente la question, M. le marquis de Jouffroy est celui qui paraît marcher le plus directement vers son but en construisant ses bateaux sous les yeux des Parisiens, et soutenant ses droits à un privilége exclusif, fondés sur le procès-verbal très authentique de l'expérience qu'il fit en 1783.

Un de ces derniers articles, inséré par *le Constitutionnel* et *la Quotidienne*, nous apprend que, depuis 1735, il existe une foule d'ouvrages imprimés, soit en France, soit chez l'étranger, dans lesquels le système des bateaux à vapeur se trouve amplement décrit et appuyé sur des expériences. S'il en était ainsi, et que ces expériences eussent eu du succès, comment et en quels termes supposer qu'en 1783 le premier ministre de France, éclairé par l'Académie, ait considéré sans fondement M. le marquis de Jouffroy comme l'inventeur, et lui ait promis alors le privilége qu'il a obtenu depuis? Comment se ferait-il, ce qui est plus récent et par conséquent plus étonnant encore, que le Comité des Arts ait, l'année dernière même, donné son avis favorable à la concession d'un brevet *demandé par MM. Pajol et Cie* pour l'importation de la soi-disant découverte des bateaux à vapeur opérée par Fulton?

La chose s'explique naturellement; s'il avait existé une foule d'ouvrages imprimés sur cette matière depuis 1735 jusqu'à 1783, elle aurait dû être connue au moins des savants que le ministre consulte. Une telle invraisemblance avancée fait pressentir d'abord, qu'avant l'expérience de M. le marquis de Jouffroy cette foule d'ouvrages imprimés se réduisait tout simplement à la publication de quelques tentatives infructueuses, qui font ressortir davantage le succès obtenu par M. le marquis de Jouffroy en 1783. De là il faut raisonnablement conclure que feu M. de Calonne et les personnes qui composent aujourd'hui le Comité des Arts *n'avaient aucun motif* de reporter à une époque reculée la découverte des bateaux à vapeur. Les procédés décrits et éprouvés jusqu'à 1783 ne réussirent pas et restèrent toujours imparfaits; il s'agissait de rames mues par des cordes et d'autres moyens non moins défectueux. L'inventeur n'est pas celui qui ne réussit pas. Si quelqu'un parvient à se diriger dans le fluide aérien, certes l'invention ne sera pas attribuée à M. Deghen. Or, M. le marquis de Jouffroy est le premier qui ait fait une application heureuse de la pompe à feu à la navigation, et, personne ne pouvant lui contester ce mérite, il est donc bien l'auteur d'un système utile et pour lequel tout homme juste lui conservera de la reconnaissance. Les manœuvres de la jalousie et celles des spéculateurs avides qui sacrifient tout à l'appât du gain ne doivent lui donner aucune inquiétude; les lois lui garantissent sa propriété, et, si elles étaient incomplètes sur la matière trop neuve encore des brevets d'invention, la conscience des magistrats le mettrait à l'abri de certaines subtilités qui ne feront désormais plus fortune.

C.

N° 14.

CONSTITUTIONNEL, 30 *juillet* 1816.

Bercy, le 25 juillet 1816.

MONSIEUR,

Depuis qu'il n'est plus permis à MM. Pajol et Cie de douter que Fulton ne fut que le copiste de mon père, ils se sont aperçus que le brevet d'importation qu'ils avaient pris inconsidérément leur était inutile.

Pour soutenir leurs prétentions à une concurrence, il ne leur restait plus qu'à insinuer que l'exploitation des bateaux à vapeur revenait au domaine public. Tel est le sens de l'annonce dernièrement insérée dans votre journal.

L'opposition directe qui existe entre l'intérêt de la gloire et de l'industrie française et l'intérêt particulier de MM. Pajol et Cie nous a attiré de leur part une signification extrajudiciaire que j'ai reçue en l'absence de mon père, et à laquelle je n'ai cru devoir faire aucune réponse. Il paraît qu'interprétant mal mon silence, ces messieurs ont résolu d'instruire le public de ce qu'ils ont pris trop légèrement pour un succès.

Je ne répéterai pas les observations qu'on a faites dans le *Journal de Paris*, au sujet de la peine qu'ils ont prise de secouer la poussière des bibliothèques afin de reporter l'invention à l'année 1735; je n'examinerai point comment il a pu se faire que tous les procédés qu'ils se réservent et qu'ils prétendent décrits depuis cette époque soient enfin devenus une propriété exclusive pour eux. Il me suffit de dire ici, en attendant que ces messieurs nous les démontrent eux-mêmes, que tous les *procédés spéciaux* qu'ils nous menacent d'avoir accaparés auront le même sort que leur *procédé spécial* de l'année dernière; qu'il n'en est aucun qui approche de la simplicité et de la perfection du mécanisme de mon père, que les pompes à haute pression, leur grand objet de parade, dont deux événements malheureux viennent de prouver *la qualité*, sont déjà presque abandonnées en Angleterre, et qu'ils se garderont bien sans doute d'en user ici.

Je n'aurais pas de peine à démontrer que les droits de MM. Pajol et Cie sont aussi peu solides que leurs moyens d'exécution, mais c'est en d'autres temps et en d'autres lieux que ce soin sera pris; je répondrais enfin à ce qui m'est personnel, s'il ne me fallait user d'armes dont je dédaigne l'emploi. Ces messieurs n'ont gardé à mon égard aucune convenance, mais je n'ignore point que tous les hommes ne sont pas également coupables de les sentir, et je puis excuser ceux qui les oublient lorsqu'ils entreprennent de défendre une mauvaise cause.

Agréez, je vous prie, monsieur le Rédacteur, l'assurance de ma considération distinguée.

Le comte Achille de JOUFFROY.

N° 15.

JOURNAL DE PARIS[1], 19 *août* 1816.

Le *bateau à vapeur* construit au Petit-Bercy sera lancé demain 20 août, à une heure de l'après-midi, et non pas le 25 comme l'avait annoncé inconsidérément un journal, sur la foi duquel presque tous les journaux l'ont répété. Bien qu'il eût été infiniment agréable pour M. le marquis de Jouffroy de croire aux faveurs contenues dans une telle annonce, il n'a pu se livrer à un espoir trop au-dessus du mérite de l'objet. S. A. R. *Monsieur* a daigné cependant lui faire espérer qu'il se rendrait sur le lieu au moment du lancement, et l'a fait prévenir que, si l'on devait retirer une légère rétribution d'entrée au chantier, dans cette occasion, il désirait que le montant en fût appliqué au soulagement des pauvres. En conséquence des vœux de bienfaisance de S. A. R. *Monsieur*, le maire de Bercy vient de faire afficher que le public peut se procurer des billets d'entrée *au secrétariat de la mairie du 3e arrondissement de Paris aux Petits-Pères*, et qu'il en sera délivré le jour même du lancement aux portes du chantier pour une rétribution modique. S. A. R. a précédemment permis *à M. le marquis de Jouffroy de donner le nom de* CHARLES-PHILIPPE *à son bateau à vapeur*.

(1) Cet article a paru dans tous les journaux de l'époque et dans les mêmes termes.

N° 16.

JOURNAL DE PARIS[1], 21 *août* 1816.

Hier, à une heure et demie, S. A. R. *Monsieur* est arrivé aux ateliers de M. le marquis de Jouffroy, chevalier de Saint-Louis et de Saint-Georges, situés dans le parc du Petit-Bercy, il a été reçu par le clergé de la paroisse et les autorités locales.

S. A. R. a visité dans tous ses détails le beau bateau à vapeur; le clergé a chanté le psaume *Exaudiat*, suivi du *Domine, salvum fac regem;* M. le curé a fait la bénédiction du bateau.

A deux heures il a été lancé à l'eau, aux acclamations de *Vive le roi!* L'opération a parfaitement réussi et sans accident.

Le bateau, d'une forme agréable, a de tête en tête 136 pieds de longueur sur 18 de largeur ; on voit à la poupe un drapeau fleurdelysé, au mât un pavillon aux armes de France.

A l'entrée des ateliers on avait élevé un arc de triomphe sur la frise duquel on lisait : *A Charles-Philippe, protecteur des arts.*

Monsieur s'est entretenu longtemps avec MM. de Jouffroy père et fils, M. le préfet de la Seine et M. Gallois, maire du Petit-Bercy, etc. Lorsque l'opération a été finie, S. A. R. a visité les ateliers et a examiné avec une attention particulière le mécanisme en fer, qui n'est pas encore placé, et qui doit servir à faire mouvoir le bateau à vapeur.

Les maisons du Petit-Bercy étaient pavoisées, et on avait élégamment décoré l'un des pavillons de la barrière de Bercy, où l'on a inauguré le buste de S. M. Louis XVIII.

(1) Cet article a paru dans tous les journaux de l'époque et dans les mêmes termes.

M. de Jouffroy père a infiniment de talent ; son fils est ingénieur et grand mécanicien. D'autres bateaux sont en construction dans les ateliers.

Tous les employés de MM. de Jouffroy, portaient un crêpe au bras ou au chapeau, pour exprimer le regret de la perte de M. le baron Marchant, l'un des administrateurs des bateaux à vapeur, naufragé dans un léger canot le 14 de ce mois.

Monsieur, vers les trois heures, est retourné à Paris aux cris mille fois répetés de *Vive le roi! vivent les Bourbons!*

N° 17.

JOURNAL DE PARIS[1], 10 *novembre* 1816.

M. le marquis de Jouffroy fera du 15 au 20 les premiers essais de manœuvres du bâtiment à vapeur, *le Charles-Philippe*, et il sera en pleine navigation le 1er décembre prochain. La seule force de dix hommes, appliquée à la mécanique ingénieuse de M. le marquis de Jouffroy, a pu faire remonter le courant de la Seine; il est à présumer qu'avec la pompe, qui produira une force seize fois plus grande, ce bâtiment aura une marche supérieure à tout ce qu'on a vu jusqu'ici. On doit désirer, pour le bien du commerce, que cet utile établissement prenne bientôt un développement convenable.

(1) Cet article a paru dans tous les journaux de l'époque et dans les mêmes termes.

N° 18.

CONSTITUTIONNEL, 11 *décembre* 1816

Par les premiers essais de manœuvres du bâtiment à vapeur *le Charles-Philippe*, qui eurent lieu le 20 du mois dernier, M. le marquis de Jouffroy s'était assuré que divers changements dans l'assemblage des pièces de la machine de ce bâtiment étaient nécessaires avant de lui faire faire un trajet. Ces changements ont été opérés, et le bâtiment a entrepris et exécuté son premier voyage mardi 3 décembre, à deux heures de l'après-midi; il a fourni sa course du port de la Râpée à Charenton, en une heure environ; là, les personnes qui étaient à bord sont descendues et ont dîné pour célébrer ce premier voyage, duquel M. le maire de Bercy a dressé procès-verbal; à six heures quarante minutes elles se sont réembarquées, et à sept heures précises *le Charles-Philippe* était de retour à son mouillage ordinaire.

On a particulièrement remarqué qu'en remontant la Seine, il a franchi avec beaucoup de facilité le passage de la vieille écluse de Charenton, où le courant est très fort, et dont la rapidité peut être estimée au moins à une lieue et demie par heure.

Dès que sa chaudière sera préservée du contact de l'air par une couche d'argile, et que la crémaillère d'essai qui transmet aux aubes la force de la vapeur et produit le mouvement de rotation sera remplacée par la crémaillère qui lui est destinée, *le Charles-Philippe*, d'une construction élégante, et ayant 140 pieds de longueur, sera sans contredit le plus beau bâtiment de ce genre et le meilleur marcheur qui se trouve en Europe. Nous reviendrons sur les avantages du système de crémaillère de M. le marquis de Jouffroy.

N° 19.

EXTRAIT du Traité des machines à vapeur, et de leur application à la navigation, etc., par TREDGOLD, *ingénieur, etc.*, 1828.

ART. 34. L'idée d'employer les machines à vapeur pour faire marcher les bâtiments, idée qui avait été suggérée par Hulls, et auparavant par Papin, fut *pour la première fois mise en pratique par le marquis de Jouffroy, qui, en 1782, construisit un bateau à vapeur destiné au service de la Saône à Lyon;* il avait 41 mètres de long sur 5 mètres de large, et son tirant d'eau était de 1 mètre. Le marquis fit diverses expériences avec ce bateau, qui fut pendant quinze mois en usage sur la Saône.

N° 20.

PRÉFECTURE DU DÉPARTEMENT DE LA SEINE.

QUITTANCE DE LA SOMME DE DOUZE FRANCS.

Je soussigné, délégué à cet effet, reconnais avoir reçu de M. le marquis de Jouffroy la somme de *douze francs*, pour frais relatifs à la demande d'un brevet d'invention, sous le n° 8445.

(Vol. 42.) Paris, le 26 septembre 1838.

Signé BENOIT.

N° 21.

PRÉFECTURE DU DÉPARTEMENT DE LA SEINE.

QUITTANCE DE LA SOMME DE DOUZE FRANCS.

Je soussigné, délégué à cet effet, reconnais avoir reçu de M. le marquis de Jouffroy, par M. Claudel, la somme de *douze francs*, pour frais relatifs à la demande d'un brevet d'addition, sous le n° 8751.

Paris, le 19 décembre 1838.

Signé BENOIT.

N° 22.

MINISTÈRE DE L'AGRICULTURE ET DU COMMERCE.

EXTRAIT.

Louis-Philippe, roi des Français, à tous ceux qui ces présentes verront, salut.

Sur le rapport de notre ministre secrétaire d'état, etc., nous avons ordonné et ordonnons ce qui suit :

Art. 1er. Les personnes ci-après dénommées sont brevetées définitivement.

« Art. 2. M. le marquis de Jouffroy (Achille-François-Léonore), « à Paris, rue de Verneuil, n° 5, auquel il a été délivré, le 12 « mars dernier, le certificat de sa demande d'un brevet d'invention « et de perfectionnement de quinze ans, pour un appareil méca- « nique au moyen duquel la puissance de la vapeur est rendue ap- « plicable à tous les navires et bâtiments qui servent à la navi- « gation, sans les priver d'aucun de leurs avantages, et sans « changements aucuns à leur forme et à leurs agrès, et voilures, et « manœuvres. »

Notre ministre secrétaire d'état au département de l'agriculture et du commerce est chargé de l'exécution de la présente ordonnance, qui sera insérée au Bulletin des Lois.

Château d'Eu, le 26 août 1839.

Signé LOUIS-PHILIPPE.

Par le Roi,

Le ministre secrétaire d'état, etc.

Signé CUNIN-GRIDAINE.

Pour extrait conforme,

Le maître des requêtes secrétaire général du ministère,

Signé J. BOULOY.

N° 23.

EXTRAIT de l'Almanach du Marin pour 1840.

DE L'ÉTAT ACTUEL

DE

LA NAVIGATION A LA VAPEUR

ET DES

PERFECTIONNEMENTS DONT ELLE EST SUSCEPTIBLE.

Nous avons donné dans *l'Almanach* de l'année dernière une courte notice historique sur les bateaux à vapeur; notre but était seulement de constater, pour nos lecteurs, l'origine véritable de cette invention, qui est, comme on l'a vu, toute française. Nous allons maintenant nous occuper de l'art lui-même, de ses procédés, de sa théorie, des inconvénients qui subsistent encore, et des progrès qu'on peut espérer.

Un bateau à vapeur est un corps flottant qui se meut dans le fluide par le secours d'une puissance motrice continue qu'il transporte avec lui, et qui prend son point d'appui dans le fluide même.

Ainsi trois choses sont à considérer: 1° La résistance du bâtiment (R), qui est en raison composée de sa grandeur, de sa forme, et de la vitesse qu'on lui imprime; 2° la résistance éprouvée par le point d'appui (A), dont la somme résulte également de sa disposition, de sa surface et de la vitesse avec laquelle il frappe le fluide ; 3° la puissance motrice (P), dont la portion utile, déduction faite des pertes et des frottements des machines intermédiaires, fait toujours équilibre aux deux résistances ci-dessus, en sorte que toujours $P = R + A$.

C'est entre ces trois termes que tout se passe dans le mouvement d'un navire à vapeur ; or, comme les deux premiers sont toujours évaluables, que l'on peut calculer la résistance d'un bâtiment dans une vitesse donnée, et la puissance utile d'une machine à vapeur d'après les dimensions et une consommation également données, il résulte que le problème de perfectionnement des bateaux à vapeur consiste uniquement à découvrir les meilleures conditions à procurer au point d'appui, sous les rapports combinés de sa disposition, de sa surface, de la direction et de la vitesse qu'on lui imprime.

Remarquons, en passant, qu'un navire à vapeur ne progresse dans le fluide, à chaque instant donné, que par une impulsion semblable à celle éprouvée sur le point d'appui dans une direction exactement opposée à celle de sa marche.

Si par exemple le point d'appui agissait sur le fluide de part et d'autre du bâtiment, dans une direction perpendiculaire à sa marche, le navire resterait immobile, bien que toute la puissance motrice fût consommée dans cet effort. Si A, agissant dans la véritable direction, venait à se mouvoir avec une vitesse infinie (supposition qui n'est faite que pour démontrer), le bâtiment cesserait également d'avancer.

Les hommes spéciaux tireront aisément des corollaires de ces simples axiomes, dont notre cadre exclut les développements et qu'il nous suffit d'indiquer à l'appui des observations qui vont suivre.

Le genre de point d'appui généralement et même uniquement

adopté jusqu'ici dans les pyroscaphes consiste dans deux roues à aubes ou palettes, placées de chaque côté du navire, et agissant chacune dans un plan vertical parallèle à celui de la quille.

Le premier qui fit l'application en grand de cet appareil, avec succès, fut le feu marquis de Jouffroy, qui en 1776 construisit et fit naviguer sur le Doubs, près de Baume-les-Dames, un bateau de 40 pieds de longueur. Cinq ans plus tard il répéta cette expérience sur une grande échelle, à Lyon, où il remonta plusieurs fois la Saône jusqu'à l'île Barbe, sans autre secours que celui de la vapeur. C'est ce que constate authentiquement un procès-verbal de l'Académie de Lyon et des autorités présentes, ainsi qu'une promesse de privilége que lui délivra M. de Calonne, pièces que nous avons eues sous les yeux.

Le bateau de M. de Jouffroy avait 140 pieds de longueur, 14 de largeur, tirait 3 pieds d'eau, et portait un poids de 300 milliers. Sa machine à vapeur, composée de deux corps de pompe à simple effet, recevant et évacuant alternativement la vapeur par le moyen d'une tuile ou boîte à coulisse, faisait tourner un arbre transversal placé aux trois cinquièmes de la longueur du bateau, vers l'avant, et portant à ses extrémités les roues à aubes. Ces roues avaient 14 pieds de diamètre; les aubes avaient six pieds de longueur et plongeaient dans l'eau à une profondeur de deux pieds. Le nombre des révolutions de l'arbre était de vingt-quatre à vingt-cinq par minute, et la marche moyenne du bateau fut évaluée à environ huit pieds par seconde, plus de deux lieues à l'heure.

Ceci se passait en 1781 et 1782, et si l'on veut bien comparer tout ce qui s'est fait depuis cette époque, et même en ces dernières années, dans la construction des bâtiments à vapeur, on sera forcé de convenir que nul progrès réel n'a eu lieu dans cette partie de la science, qui en est demeurée au point où M. de Jouffroy l'avait laissée; car on est encore réduit à imiter non-seulement son appareil, mais encore ses dimensions principales, les proportions adoptées par lui pour la force motrice, et l'on n'a pu acquérir quelque degré de vitesse de plus, en certain cas, qu'en augmentant cette force motrice et en surchargeant le bâtiment.

Et pourtant cet appareil, partout en usage, a des inconvénients nombreux ; il appartient, pour ainsi dire, à l'enfance de l'art. Au temps de M. de Jouffroy, l'exécution matérielle d'une machine aussi puissante présentait des difficultés presque insurmontables. Dans les mémoires que cet ingénieur a laissés, on voit qu'il avait bien aperçu les désavantages de son système, et il y déplore l'état d'imperfection des arts manuels qui l'empêcha de se lancer sur la route de perfectionnements pour lesquels les moyens d'exécution manquaient alors. Les vices du système des roues à aubes sont nombreux ; nous nous bornerons à signaler les principaux, en ce qui concerne particulièrement la navigation maritime.

1° Quel que soit le diamètre des roues, la disposition la plus favorable étant de les faire plonger du tiers de leur rayon, il suit que l'obliquité de l'aube qui plonge, et celle, en sens inverse, de l'aube qui ressort, pressent et relèvent le fluide aux dépens d'une consommation inutile de la force motrice ; car, comme nous l'avons dit, toute pression du point d'appui sur le fluide qui n'est pas dans une direction identiquement opposée à la marche du bâtiment est en pure perte.

On a cru parer à cet inconvénient en rendant les aubes mobiles sur des axes et les forçant à entrer et à ressortir de l'eau dans une position perpendiculaire ; mais on n'avait pas observé que par ce moyen le centre d'impression de l'aube changeant sans cesse et se refusant pour ainsi dire au fluide, il en résulte seulement une modification de vitesse sans rien ajouter à l'effet de l'impulsion.

2° Les roues à aubes, placées de chaque côté du bâtiment, et dans son fort ou sa plus grande largeur, vont chercher leur point d'appui dans la partie la plus rapide du courant produit par le remplacement de l'eau autour du navire. On est donc forcé de les faire mouvoir avec une très grande vitesse, car il n'y a que l'excédant de cette vitesse sur celle du fluide qui puisse être considéré comme point d'appui. Or, nous avons vu qu'il y a d'autant plus de force motrice consommée, toutes choses égales d'ailleurs, que le point d'appui se meut plus rapidement.

De plus, chaque aube, plongeant très médiocrement dans l'eau, fait à sa surface un vide que le fluide a à peine le temps de remplir avant que l'aube suivante vienne à son tour s'appuyer sur lui, ce qui force encore à augmenter la vitesse des roues. Or, nous avons vu qu'en poussant le raisonnement jusqu'à l'extrême, si la vitesse des roues était infinie, le navire resterait stationnaire.

Faut-il s'étonner si les observations les mieux faites ont démontré que le meilleur navire à roues, auquel une force de quatre chevaux de vapeur, agissant d'un point fixe, communiquerait une vitesse de trois lieues à l'heure, a besoin, pour naviguer avec cette vitesse au moyen de ses roues, d'une puissance de plus de quarante chevaux?

Il est encore bien d'autres inconvénients non moins graves. Par exemple, l'appareil des roues oblige de construire des bâtiments longs et étroits, qui perdent ainsi la plupart de leurs qualités ; leur voilure est réduite au quart, leur port et leur arrimage diminués dans une proportion équivalente; leur stabilité, en un mot, est sacrifiée aux besoins de l'appareil, et si le vent est favorable, il faut, pour en profiter (et seulement en partie), qu'ils se privent du secours de la vapeur; car, au plus près du vent, pour profiter d'une forte brise, il faut donner à la bande, c'est-à-dire incliner le navire, et, dans cette situation, la roue sous le vent est noyée et la roue opposée travaille à vide.

Enfin, pour tout dire en peu de mots, l'appareil des roues à aubes cause une perte énorme de puissance motrice, et par conséquent de combustible; elle oblige à construire des bâtiments d'une forme particulière, qui ne peuvent servir qu'à des usages limités. Le véritable perfectionnement de cet art, celui qui causerait indubitablement une révolution importante dans la navigation maritime au long cours, ce serait la découverte d'une application directe de la force motrice de la vapeur à tous les bâtiments de mer sans exception, et sans les priver des qualités qu'ils possèdent comme voiliers et comme porteurs.

Pénétrés de cette idée, nous avons pris connaissance d'une foule de tentatives de perfectionnement qui ont été faites en Angleterre, en Amérique et même en France, pour remplacer l'appareil des roues à aubes, dont les inconvénients irréparables avaient frappé dès longtemps les yeux d'une foule d'artistes et de savants. Aucun de ces essais n'a encore réussi, et peut-être ne sera-t-il pas inutile d'indiquer les causes de leur peu de succès.

On a essayé des rames-pattes ou nageoires de diverses formes; mais que sont les aubes fixées au bout du rayon d'une roue, sinon des rames verticales? Et puisque, dans leur évolution autour d'un centre, il se produit une suite d'efforts obliques et inutiles à la marche du bâtiment, qu'importe que cette évolution ait lieu dans un sens horizontal ou dans un sens perpendiculaire?

On a appliqué à l'arrière du bâtiment des roues à aubes inclinées, chassant l'eau à droite et à gauche sous des angles opposées dont la résultante correspondait à la direction du navire. Mais, comme nous l'avons vu, tout choc oblique dans un fluide consomme en pure perte une partie de la force motrice.

Cet inconvénient existe au plus haut degré dans l'hélice ou vis d'Archimède, qu'on a essayé de placer sous les navires. Il est facile de prouver par le calcul que, si la surface de l'hélice a une inclinaison de trente à quarante degrés avec son axe, qui est celui du bâtiment, la résultante, ou la pression utile à la marche, n'équivaut pas au vingt-cinquième de la force motrice employée.

Aussi tous ces essais ont abouti à ne procurer qu'une vitesse très faible avec une puissance considérable, et leur effet e t resté de tous points inférieur à celui des roues.

Nous ne parlerons pas des pompes aspirantes et foulantes par le moyen desquelles on a entrepris de refouler l'eau par l'eau elle-même, sans songer que cet étrange point d'appui, s'éparpillant au moment du choc dans une infinité de directions, il n'en résultait qu'une réaction infiniment petite sur la ligne de direction du navire.

Nous en étions là de nos recherches lorsque nous avons appris qu'une ordonnance royale datée du château d'Eu, le 26 août dernier, accordait définitivement un brevet d'invention et de perfectionnement de quinze ans à l'auteur d'un *procédé au moyen duquel la puissance de la vapeur est rendue applicable à tous les navires et bâtiments qui servent à la navigation sans les priver d'aucun de leurs avantages et sans changements aucuns à leur forme ni à leurs agrès, voilures et manœuvres.*

Et quand nous avons vu que l'auteur de ce procédé, ancien ingénieur de marine, était le fils et l'élève du premier et principal inventeur des bateaux à vapeur que nous connaissons, nous avons pensé qu'il ne fallait pas confondre cette nouvelle entreprise avec celles qui se sont fait tant de fois pompeusement annoncer; d'autant plus que M. le marquis de Jouffroy est dès longtemps connu par ses ingénieuses découvertes en matière d'industrie [1]. Nous

(1) Parmi les travaux de M. de Jouffroy, nous citerons le procédé inventé par lui pour faire en grand, à l'aide de machines, une variété inépuisable d'ouvrages de marqueterie. Ce procédé, dont les produits ont figuré aux expositions de 1839 et de 1834, a donné lieu à l'établissement d'une grande fabrique à Paris, Petite-Rue-Reuilly, n° 3, qui, bien qu'établie sur une très vaste échelle, a prospéré au point qu'elle peut à peine suffire en ce moment aux nombreuses commandes qui lui sont faites.

avons donc été au-devant des renseignements, et sans préjuger toutefois de la réussite d'une opération aussi difficile qu'importante, nous devons déclarer que rien ne nous aurait pu donner l'idée de l'appareil simple et curieux que M. de Jouffroy a eu la complaisance de faire fonctionner sous nos yeux.

Les principes théoriques sur lesquels M. de Jouffroy s'appuie nous ont paru de la dernière évidence, et ils ont cela de particulier, que personne ne paraît les avoir encore pris pour base de ses calculs. Sans entrer dans les détails de cette théorie, qui seraient longs et de peu d'intérêt pour nos lecteurs, nous essaierons de leur expliquer la source où M. de Jouffroy a puisé son invention; cette source, c'est la nature elle-même.

M. de Jouffroy regardait dès longtemps l'appareil des roues comme une sorte de monstruosité mécanique. Rien dans la nature, dit-il, ne peut inspirer l'idée de ce procédé ni lui servir de point de comparaison. A quoi, en effet, peut-on comparer en général un bateau à vapeur? A un animal nageant; la force de la vapeur remplace ici la force animale : cherchons donc à imiter le mieux possible l'appareil que la nature a fourni aux animaux nageurs.

Considérons un cygne, dont la longueur et la largeur, dans sa partie flottante, équivalent à environ la centième partie d'un navire à vapeur de moyenne grandeur. Si la nature, au lieu de lui donner des palmes articulées, l'avait pourvu de roues à aubes, dans les proportions usitées parmi nous, cet étrange animal aurait, de chaque côté de son corps, deux roues de la grandeur d'une pièce de cent sous, dont les aubes auraient quatre lignes de longueur et plongeraient dans l'eau d'une profondeur de deux lignes. Ces roues tourbillonneraient avec une vitesse indicible, et l'animal s'avancerait lentement; il n'est pas même bien sûr qu'il pût se mouvoir.

Supposons maintenant un cygne de cent cinquante pieds de longueur, armé de palmes proportionnées, c'est-à-dire gigantesques, qui sillonnerait l'Océan ; quel bateau à vapeur, dans le système actuel, oserait se mesurer avec lui? En méditant ce simple rapprochement, il nous semble que la lumière est faite, sans qu'il soit besoin d'autres calculs pour le prouver.

M. de Jouffroy a donc étudié et décomposé le mouvement des oiseaux nageurs dans leurs diverses allures; car le cygne, par exemple, a, comme le cheval, son pas, son trot et son galop. On a choisi celui des trois modes qui a paru le moins difficile à imiter, et l'observation a appris que le point d'appui que prend l'animal dans le fluide n'a rien de régulier et que sa pression n'est jamais continue. Dans l'évolution complète durant laquelle il prépare son appareil, le pousse, l'arrête et le retire pour le préparer de nouveau, son maximum de force n'agit que dans le court instant où la palme est déployée dans le plan le plus favorable à sa marche ; tous les autres temps de l'évolution se font avec lenteur et consomment très peu de puissance. C'est, en un mot, une percussion réitérée à longs intervalles, et jamais une pression continuée.

Il fallait, pour copier cette manœuvre, combiner la force inintelligente, continue et régulière de la vapeur avec un effet alternatif et irrégulier, sans toutefois qu'il y ait ni secousse, ni arrêt, ni cause de destruction. C'est à quoi M. le marquis de Jouffroy est parvenu par une combinaison qui nous paraît aussi neuve qu'ingénieuse du mouvement circulaire et régulier de la manivelle avec celui du pendule par l'intermédiaire de bielles. Il en résulte un système lié dans toutes ses parties, simple et solide, qui agit à volonté en avant, en arrière et de côté. Si l'expérience répond à ce qu'on a le droit d'en attendre, tout navire, même les vaisseaux de guerre, pourront s'enrichir d'un moyen de navigation accélérée, de sauvetage et de soutien contre la dérive.

Cette expérience, qui doit avoir lieu sous peu de semaines, sera faite en grand. Une goëlette de 120 tonneaux, construite par cet ingénieur, mâtée, gréée et portant sa voilure, naviguera dans la Seine, sous les yeux des Parisiens, avant d'aller compléter la démonstration sur les flots de l'Océan.

Peut-être trouvera-t-on prématurée la description que nous en donnons; mais notre zèle habituel pour les intérêts de la marine ne nous a pas permis de passer sous silence, au moment de notre publication annuelle, une invention qui nous a paru si supérieure à tout ce qu'on a tenté jusqu'ici, que nous nous croyons autorisés à prévoir que nous aurons à constater l'année prochaine le succès et l'utilité déjà alors éprouvée de ce procédé.

FIN DES PIÈCES JUSTIFICATIVES.

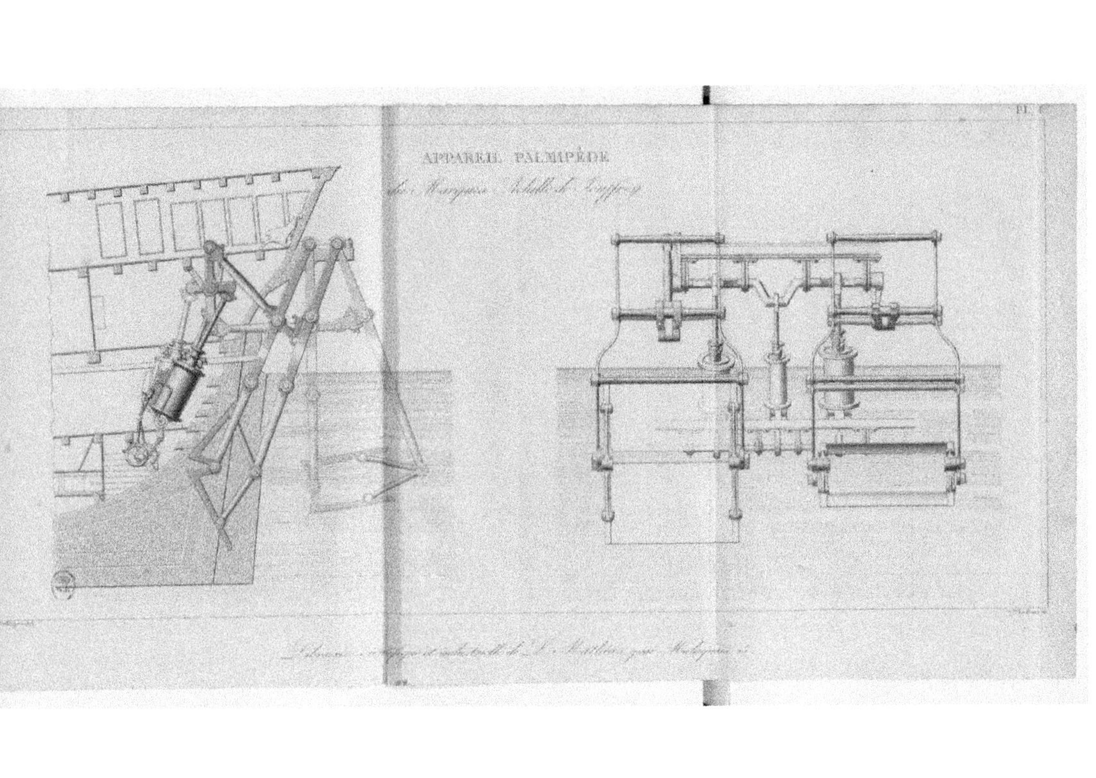
APPAREIL PALMIPÈDE

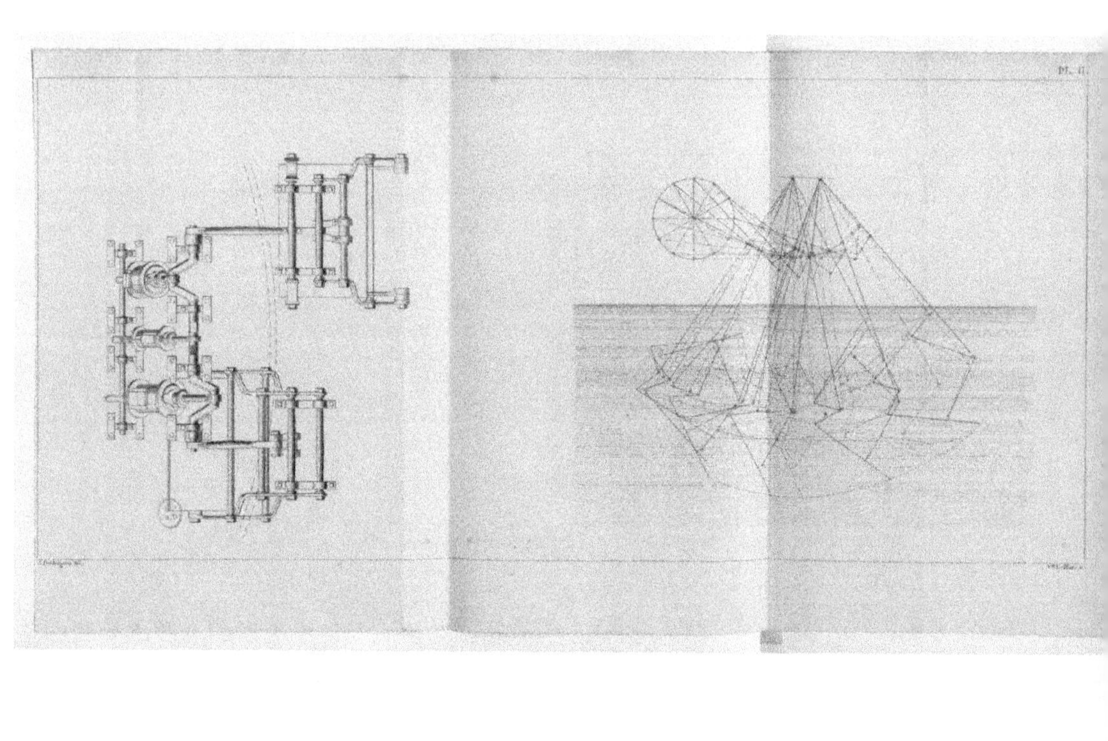
Pl. II.

www.ingramcontent.com/pod-product-compliance
Ingram Content Group UK Ltd.
Pitfield, Milton Keynes, MK11 3LW, UK
UKHW022113260726
13993UKWH00001B/486